德稻智库丛书

德稻节能建筑设计大师
上海世博会日本馆总设计师

彦坂 裕
YUTAKA HIKOSAKA

大师作品集

[日本] 彦坂 裕◎著

中国发展出版社

德稻智库丛书

　　智慧是人类文明发展的源动力。社会发展而产生的行业是智慧的细分，作为生产力的代表，行业专家（大师）凝聚了大量智慧。如何对大师智慧不断进行科学化、系统化的采集、传承和应用一直以来是各个文明发展的核心任务。进入 21 世纪，创意、创新、创造成为全球发展的主旋律，中国也正处于社会转型、产业升级、管理创新的关键时期。"中国制造"型经济已经并强力推动着世界经济的发展，但是，如何从"中国制造"走向"中国创造"？如何培养人才，激发全民的创造力，推动华夏文明的复兴和社会的可持续发展？带着这些问题，德稻集团进行了深入的调研和实践，"德稻智库丛书"应运而生。

　　德稻集团是一家知识型、创新型的大型企业集团，秉持"汇聚世界大师、采集全球智慧、催生行业精英、助力企业发展"的理念。我们致力于延请一批新材料、新能源、节能环保、交通、航空、农业科技、基因产业、源头创新、信息产业、文化创意、公共治理、教育等行业国际顶尖的专家作为"德稻大师"，他们都是各行业内极少数拥有极丰富实践经验，掌握最前沿、最先进技能的特殊人才，从

某种程度上说，可以引领一个行业的发展方向。我们缘起中国，融入全球，采用半社会化、半商业化的开放运营模式，结合大师各自的专业为他们在中国建立德稻大师工作室，以师徒传承的方式开展高端非学历教育。我们重视对隐性知识的采集，培养独具特色的行业精英，力图将大师的智慧资源、中国的人力资源和机构的资本资源完美结合，通过一流专家的集群化效应，协助企业、政府的本地化智慧积累，促进富有原创意义的集团性、协同性创新。

"德稻智库丛书"由不同行业不同领域的"德稻大师"撰写，力求深度采集、传承作者的智慧与经验，真实还原"生产力转化为知识，再由知识发展生产力"的过程。正是各位作者严肃对待学术问题、注重理论结合实践的态度，使得这套丛书具备很高的学术价值、社会价值和实用价值。我们期望作者的智慧与经验能够为读者带来全新的体验和收获。让我们用各种科学的方法、宽阔的视野、更多的创新灵感，来成就各个行业可持续发展的解决方案。

李卓智

德稻集团董事长

目 录

大师简介 DeTao Master Introduction

序

大师简介 DeTao Master Introduction

彦坂 裕　YUTAKA HIKOSAKA

摄影：彰国社（中川敦玲）

建筑家·环境设计规划师

株式会社 Space Incubator Inc. 董事长（东京）

日本建筑家协会会员（JIA）

株式会社上山良子园林研究所董事

株式会社 Media Engineering（MEC）董事

茂木本家美术馆评议委员、新日本样式评议委员、

HCDI（NPO）副理事长

客座教授、客座讲师：华东师范大学（上海）、千叶大学（千叶）、东京艺术大学（东京）、筑波大学（筑波）、芝浦工业大学（东京）、关东学院大学（金泽八景）、文化学院（东京）、SC Academy（东京）及其他多家公共机构、企业的顾问

1952 年生于东京

东京大学工学系都市工学科及该校研究生院工学系硕士课程毕业（MA 1978 年）

1988 年设立并主持株式会社 Space Incubator Inc. 至今

2011 年获颁北京德稻教育机构大师（节能建筑设计大师）

专业：建筑、室内设计、园林设计、舞台、展示、产品设计及规划
城市构想的整体设计、地区规划与设施规划咨询
大规模环境开发·城市设计·文化设施·文化活动策划
研究开发（信息空间、移动建筑、场地开辟、未来时代城市生活方式、环保与通用设计·IT·景观创造·通过艺术进行空间价值创造）

工作（概略）：国际科学技术博览会会场规划（筑波）／蓬皮杜中心"前卫艺术之日本展"企划·会场规划·信息统筹（巴黎）／日立市科学馆展示督导（日立）／玉川高岛屋 SC 20 周年新装改造设计（东京）／国际花与绿博览会大轮会展出制作人（大阪）／新宿高岛屋整体构想图（东京）／近铁志摩度假村住宅规划（志摩）／海滨度假村·相生海上都市整体设计（相生）／高木盆栽美术馆东京分馆室内设计（东京）及稻取本馆规划（稻取）／ NTT InterCommunication Center 构想及实施（东京）／ Ngee Ann City 空间统筹规划（新加坡）／玉川高岛屋 SC 花园岛设计及二子玉川地区整体设计（东京）／丰洲城市开发整体设计（东京）／"红气球步行街"城市环境督导（上大冈）／香港海运大厦改建构想（香港）／宜野湾城市建设及丰见城村周边城市开发构想（冲绳）／产业技术博物馆构想（北九州）／东京中城（Tokyo Midtown）整体设计（东京）／ EXPO 2005 日本政府馆统筹艺术总监（爱知）、爱·地球博"自然之睿智奖"国际审查委员／缟缟公园休闲回廊设计（大宫）／大叻市开发构想及胡志明市市中心再建构想（越南）／茂木本家美术馆设计（野田）／福井县岭南儿童家庭馆督导展示设计（福井）／ EXPO 2010 日本馆策划（上海）／圣迹樱之丘车站周边城市建设构想（东京）／羽田国际线航站楼园林设计（东京）／流山市市中心构想（流山）／木曾町皇家森林管理处改造及社区中心构想（木曾）及其他众多住宅设计·家具设计·展示督导

研究开发：艺术与科学的融合／创造性技术／次时代信息展示系统／港口业务／艺术和矩阵技术／度假村和旅游／文化创造城市构想／超级购物中心构想／公共艺术设计／高级社区规划／通用设计／身心产业／脱石油社会的城市设计／感性创造价值研究 等

著作：《集合住宅全集》《庭园》《城市尘埃·集锦》《东京 21》《日本的产品设计》《建筑的面貌变化》《空间的整体设计》《巴洛克式》《科技文化矩阵》《二子玉川的城市生活方式》《声音百科全书》等

获奖：中央玻璃国际建筑设计优秀奖／新建筑国际住宅设计竞技首席／建筑文化悬赏论文首席"下出奖"／东京 Opera City 商业街区设计竞技最优秀奖（并列）／埼玉 Super Arena 建设竞技设计最优秀奖（并列）／花博出展设计银奖／埼玉市景观奖（休闲回廊）／ DDA 奖（长久手日本馆）／爱·地球博贡献奖／上海世博会中国国家馆及主题馆创意设计竞技 1 等（并列）／羽田国际线航站楼 PFI 事业竞技设计首席（并列）／ DDA 特别奖（福井儿童家庭馆）等

序

我喜欢建筑的想象力与都市的思考以及不具名的戏剧性不断孵化的现场。
设计于我而言，既是为了生存的职业及社会形式，也是认知世界的窗口。

建筑必须从作为单纯的规则性实物和庸俗势利的信息商品这样一种存在中解放出来。我参与其中，并希望成为目睹建筑解放的理想的见证人。

保罗·梵乐希将建筑与音乐——即空间与时间——看作对立的艺术形式，而我则梦想二者的精妙交汇与华丽和解。为此，在创造的地平线上，超现实主义的空间手法与时间手法缺一不可。
也就是说，要坚持偏执而原始的实验行为，掌握将自身与时间、空间合为一体的能力。

建筑存于其间，这是引发冥想与思维的源头。

彦坂　裕

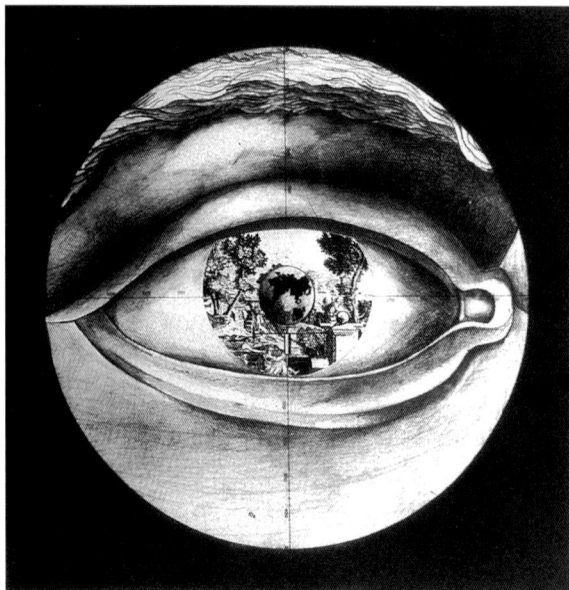

题材创作
（概念作品）

OBJECT-PERFORMANCE
（Concept Project）

由来号
Vehicle Yuné

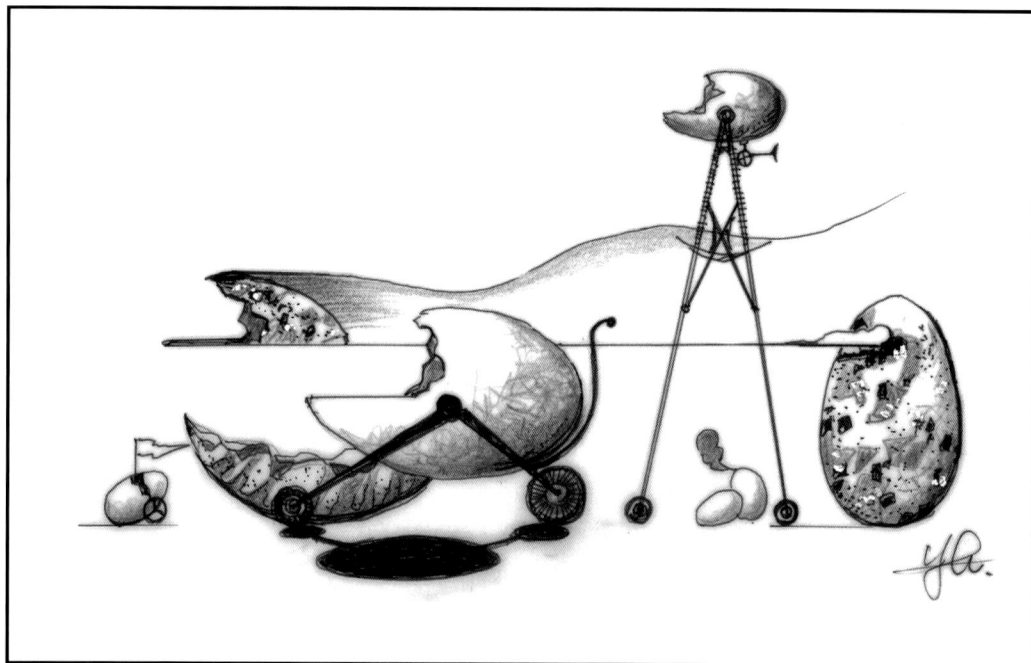

由来号是一辆婴儿车。

蛋和贝壳等都呈现出经过自然进化的形状。它们异于人工创造的几何学，其简单易懂的特性极大地刺激着我的想象力。或许可以说几何学是"归纳的"形态，而蛋是"演绎的"形态。

蛋在其内部孕育进化的每一幕。

"出生"容易使人联想到进化，此外还暗示了作品的摇篮功能。

不仅如此，作品也成为都市环境中的 Fabriques（产生意义的物质要素），带动其周围的幽默气氛。

由来号是在儿子出生时设计的
也是第一届"东京设计师周"（1988 年）的参展作品

百头形式
Style Cent Têtes

百头形式是无神论者在耶稣受难日的夜晚所做的实验——仅此一句，我们似乎已经可以看到自己被遗弃在"形式"的荒凉废墟之上。如果愿意的话，也可称之为"无头形式"（Style Sans Tête）。

更准确地说，这种形式同时又像是一个（扮男装的）女人。可以向任何人献出身体，却又不委身于任何人。这不仅是种信仰，更是带有一丝心猿意马的、不老实的前世因果报应，不断回避着我们。对形式的假设性捏造，等同于塑造未来的夏娃。

*

伪装学（Pseudmetry）、假设空间性（Temporarism）、元语言化的科技（Technologothesis）……都不过是那张为了捕获她的网上的接缝，因而这些也才可能成为有效的假说。

具体说来，比如应该在城市的地下建设如今已表面化的通用的基础设施。这是在城市的任何角落都可以信手拈来的科技系统和运行场景（Tableau d'Operation）。而新"场所"则是指地点确定之前的物理性存在。

比如应该用具有自由可变性和随机应变性的装置来支配城市的地上结构；比如应该通过地上空间内所有的空间关系学来彻底地开发实用性及可视性；比如对于拥有历史和古生物的建筑及环境，应该用那些假设的装置进行注释，变换其意义结构；再比如在一张白纸般的城市，应该遵循虚构的秩序使其从构建中脱离。如此一来，城市便能够将不断行进（in progress）的冒进性（progression）为自身所利用。

夏娃之精神闪烁在这两个世界微明的境界空间里。人受其吸引，被悲惨结局的黑暗所包围，只能自己去拯救那些松弛的神经。

你一定明白，所谓百头形式，换个说法，就是对旅途充满激情。

*

百头形式是无神论者在耶稣受难日的夜晚所做的实验——如此描述，我们依然能够看到自己被遗弃在"形式"的荒凉废墟之上。即便不情愿，它仍是无头的形式。

或许应该表达得更准确些。

也就是说，这种形式更像是一个（扮男装的）女人。可以向任何人献出身体，却又不委身于任何人。这不仅是种信仰，更是时常带有一丝心猿意马的、时常不老实的前世因果报应，不断回避着我们。你一定明白，所谓百头形式，就是与未来的夏娃联姻。

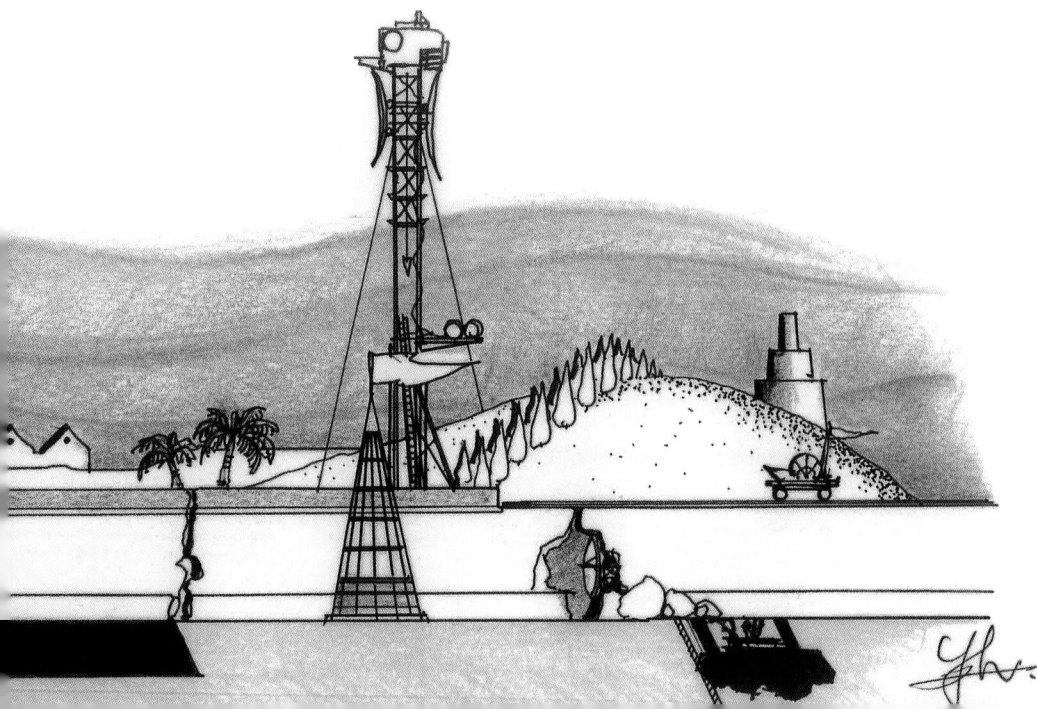

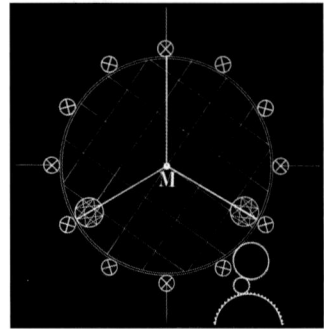

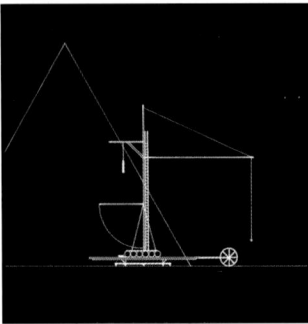

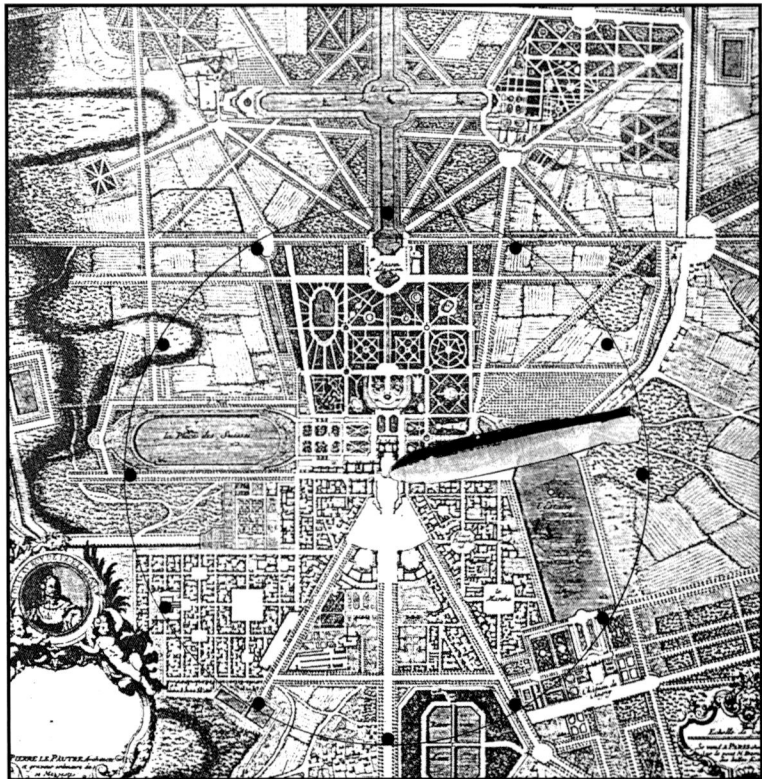

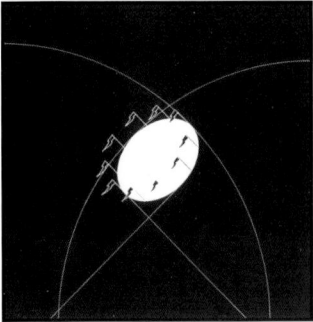

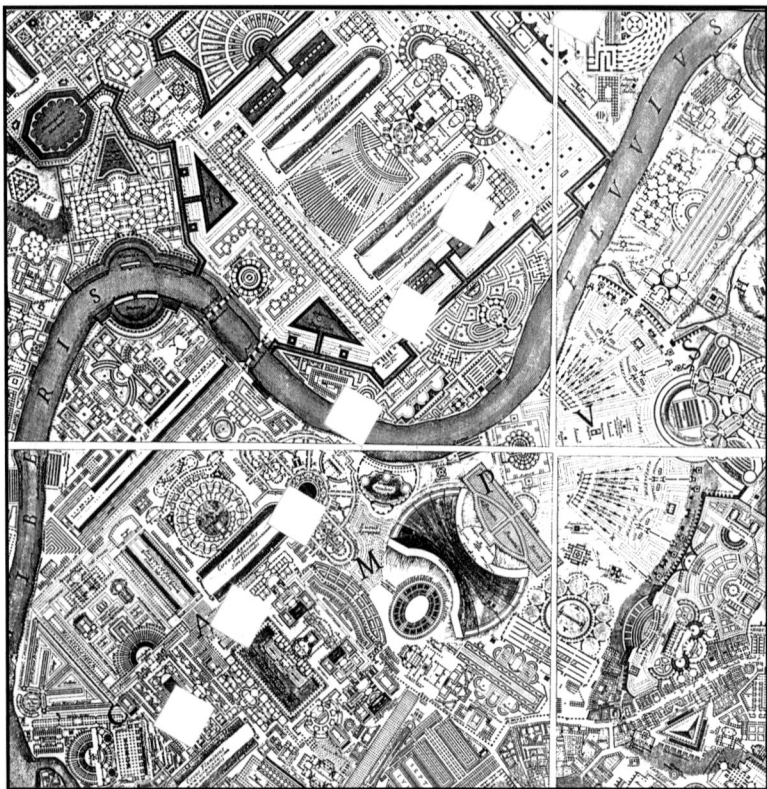

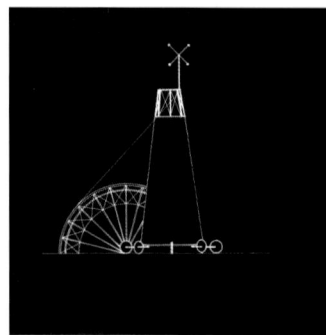

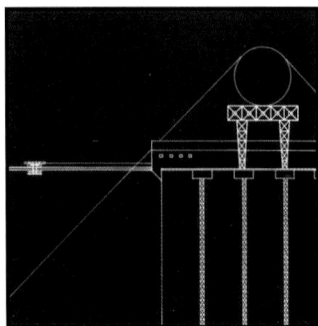

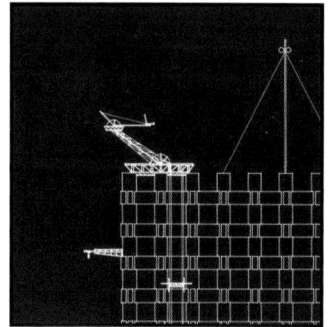
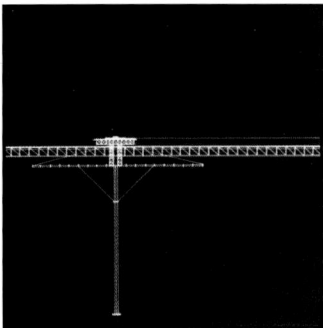

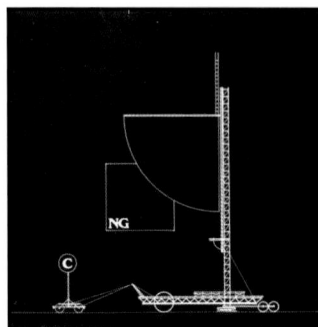

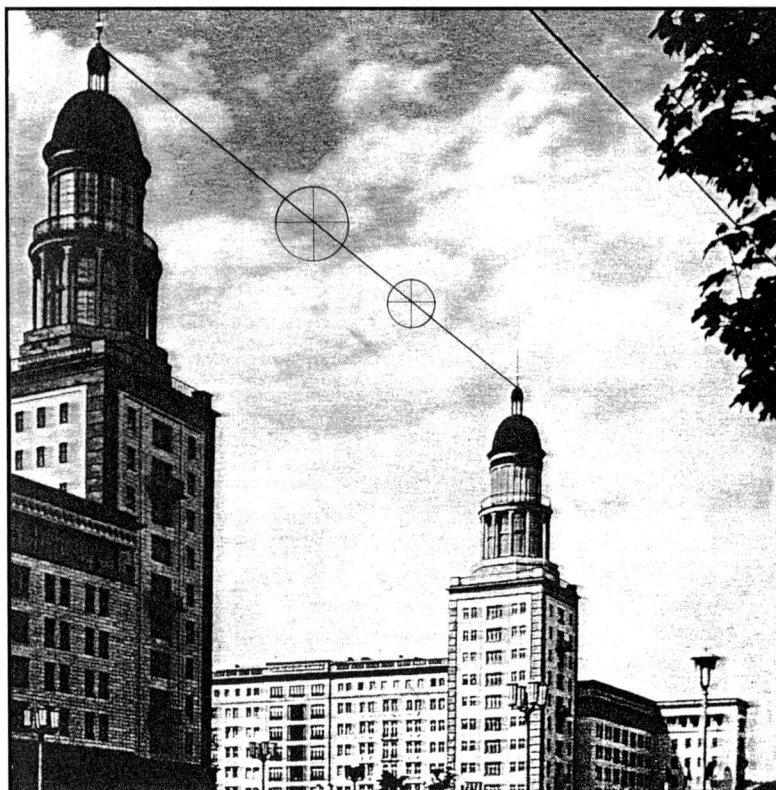

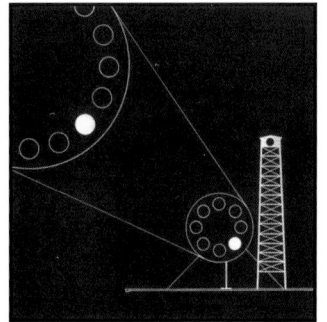
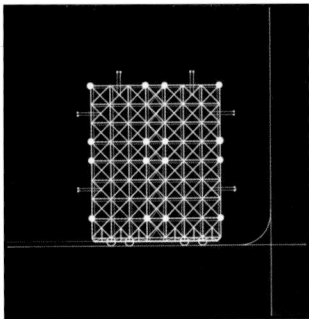

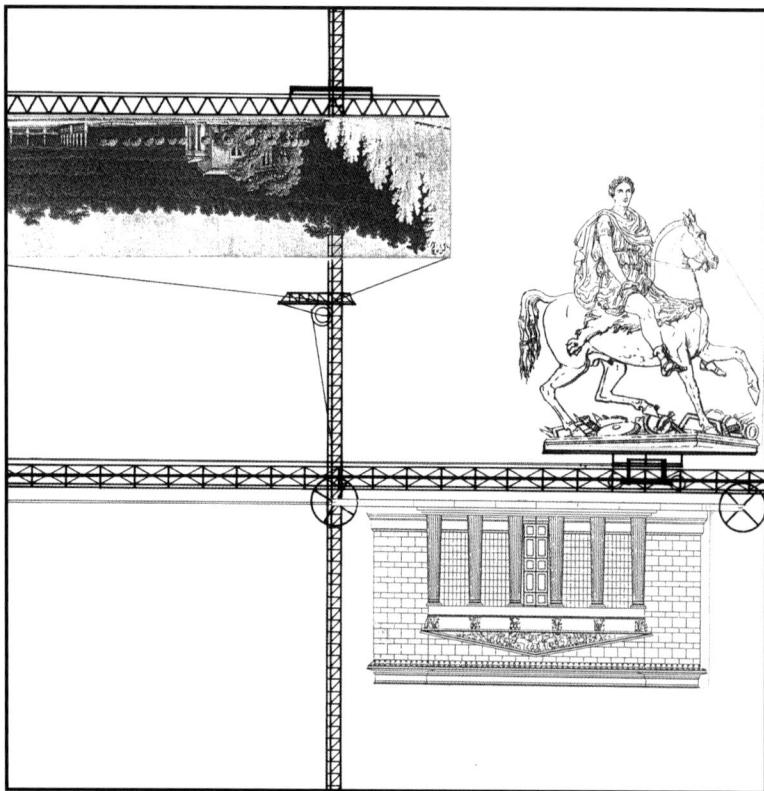
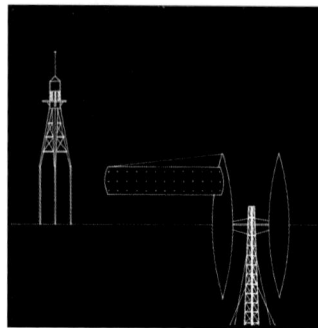
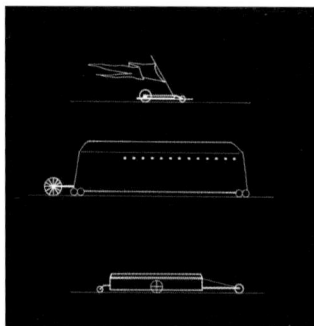

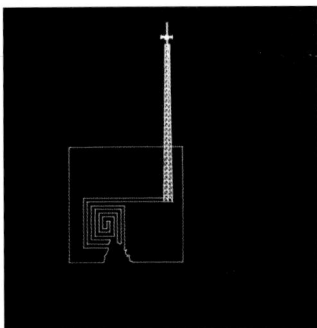

以百头形式为概念基础的城市，将会创
造出形式上的新的原生风景。
是在未知和已知记忆交错的地平线上构
筑的城市。
是从千篇一律的城市风景中的出逃。

横滨码头公园计划
Dock Park (Yokohama)

在 150 多年前首次向外国开放的横滨港湾地区（港未来 21 地区），实验构想是将百头形式的概念应用于实际环境。

在既有本土风格又富于野性的仓库里对保存对象帆船进行捆扎，通过将周围的地面再次淹没并栽种纸莎草来呈现原始的海洋庭院，从而形成一幅全新的风景。此外，飞艇的设置将令环境的意味不断变换。

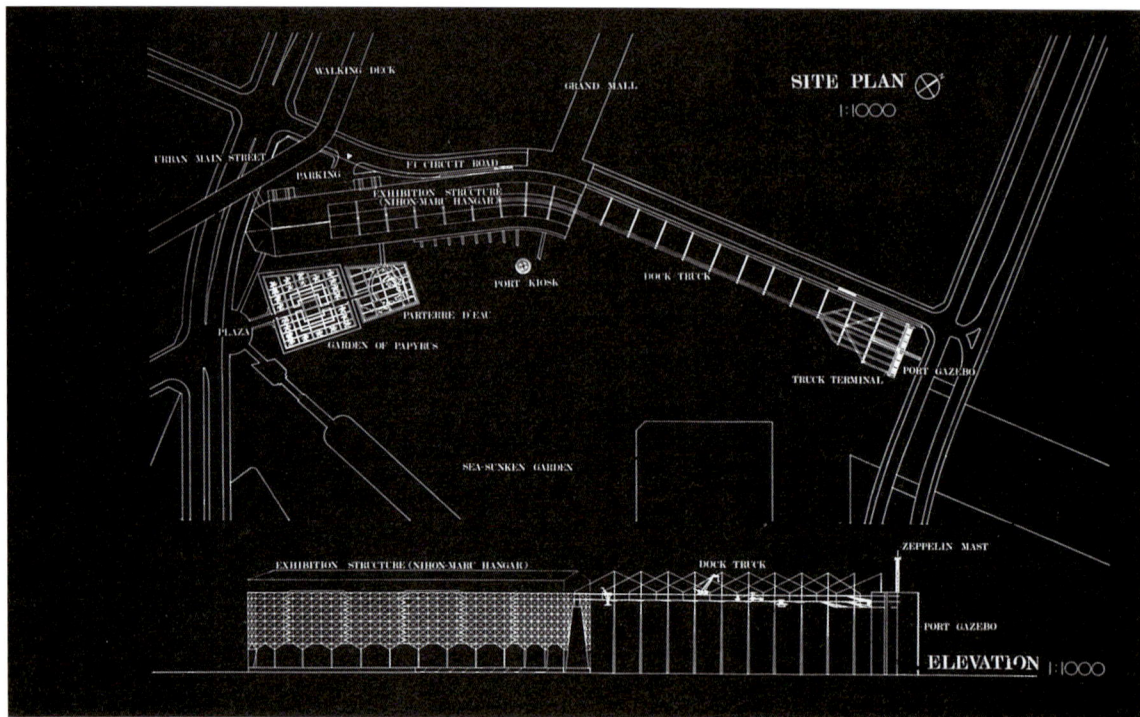

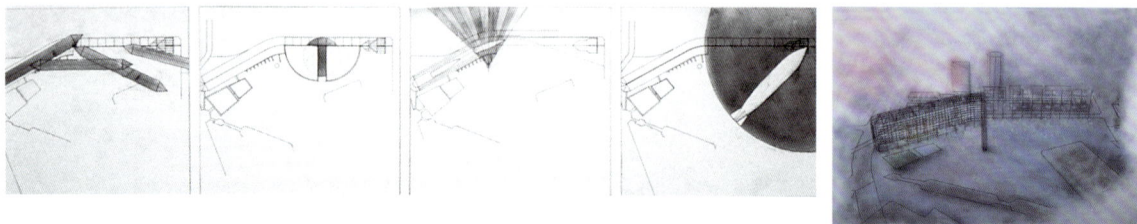

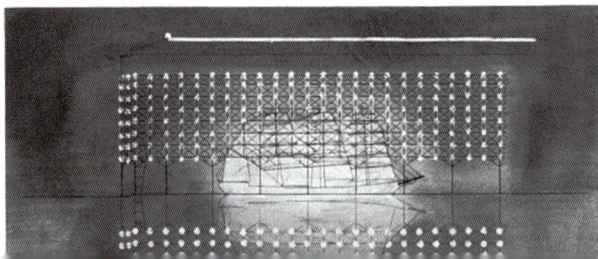

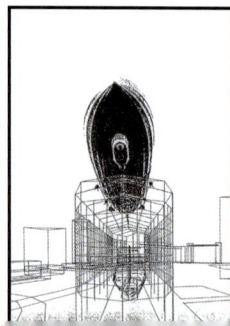

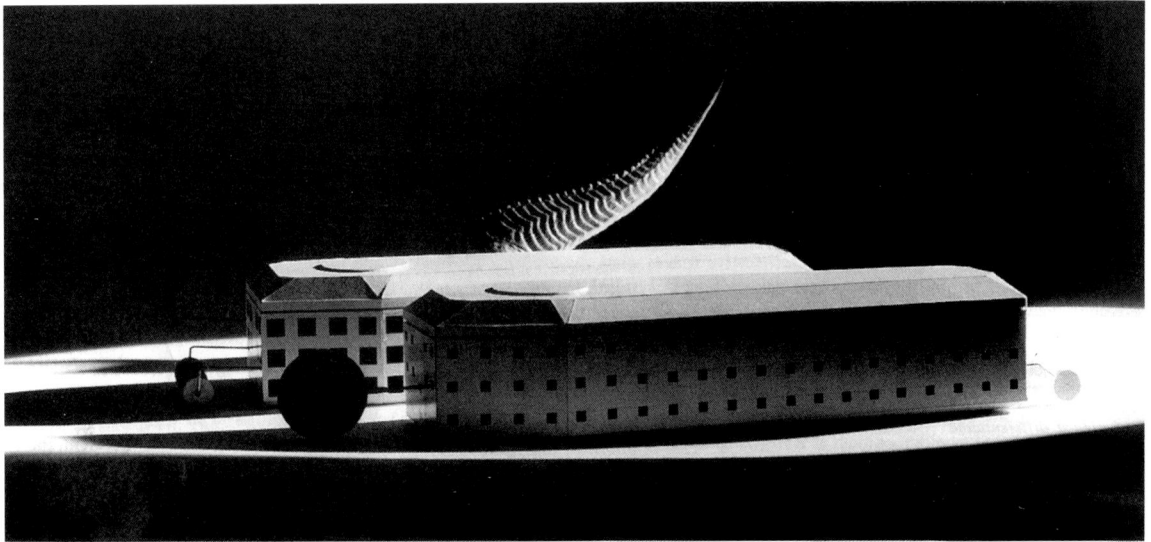

Mobile C-1, C-2 (from Operation-C) 1984, by Y. Hikosaka.

Photo by Shigeru Ohn

Ur-C 运动物体（户外雕刻、二子玉川）
Mobile Ur-C(Outdoor sight sculpture, Futako-tamagawa)

Ur-C 运动物体既是实用的长椅，又是类似于由来号的可动式装置。然而其材质却为混凝土，让人感到重量无法移动，而其棺椁型的外形也让人感到死亡的不动性，体现了动与不动的对立。

曲颈瓶建筑学
Retort Architechnology

未知的记忆·丰饶的空境·批评的混线
Unknown memory, Fertile vagueness, Crossed criticism

对于自身接受了或被迫接受了某种与生俱来的疏离感的民族而言，所谓设计，不过是为了生存采取的一种积极形式。而高贵且富有野性的认知从很久以前就不断示意我们：如何找到蔓延在同一时代空间中的悲惨结局的符号，其方法本身才是设计。

在建筑的想象力得以发挥的场合，利用那些符号的力量，扭曲其中所有观念的透视图，并将潜藏于内的空间本质痕迹进行异化，这一过程或许与使用曲颈瓶的炼金术师们梦想的怀孕术有几分重合。而无神论者的曲颈瓶本身即法令，或是戒律，抑或是想象力的测量原器。

在曲颈瓶建筑学中尝试的或者说试图尝试的是一个简单的实验——证明隐现于建筑想象力发挥空间场合背后的意义体系裂缝的不可缝合性。曲颈瓶建筑学通过批评的手法来幻想风景的无意识性，甚至暗示着各种各样的环境：动物园、变成荒芜庭园的遗址、沙漠里的海市蜃楼、行星的表面、街上的嘉年华、没有人气的海滨浴场、军事用地、隐秘主义魔术的祭坛、精密的日晷、点心装饰、孩子玩耍的地方、干净的墓地、临时搭建的戏棚、利用废品建造的场所、测量现场、盆景式庭园城市，以及对上述一切加以否定的环境，但其自身却强烈希求纯粹立体性以及成为光学的抵抗体。所有的符号都有影子。被光赐予了缓慢的觉醒，又一次表面的庆典。

曲颈瓶建筑学的实验过程有如哑剧表演，或许可以这么说。

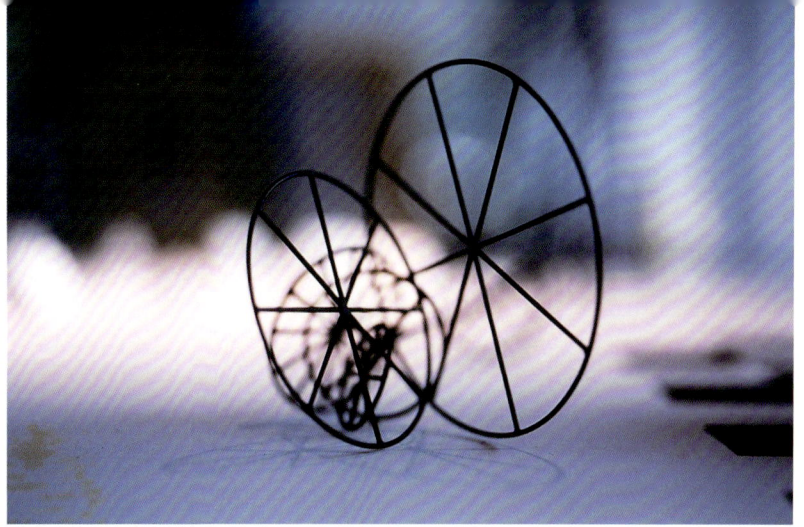

在曲颈瓶建筑学展上的展示

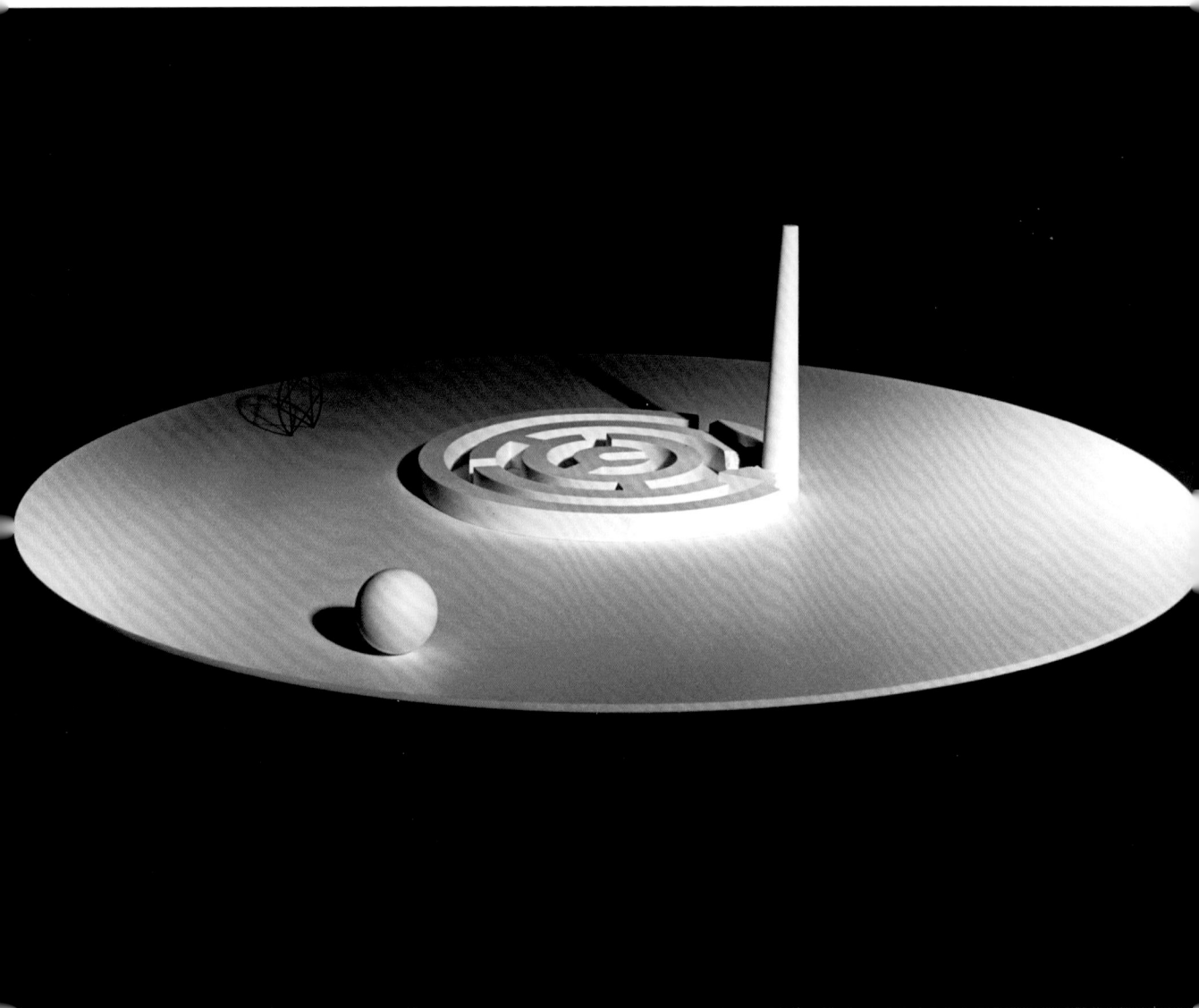

曲颈瓶建筑学概念模型 "迷路"

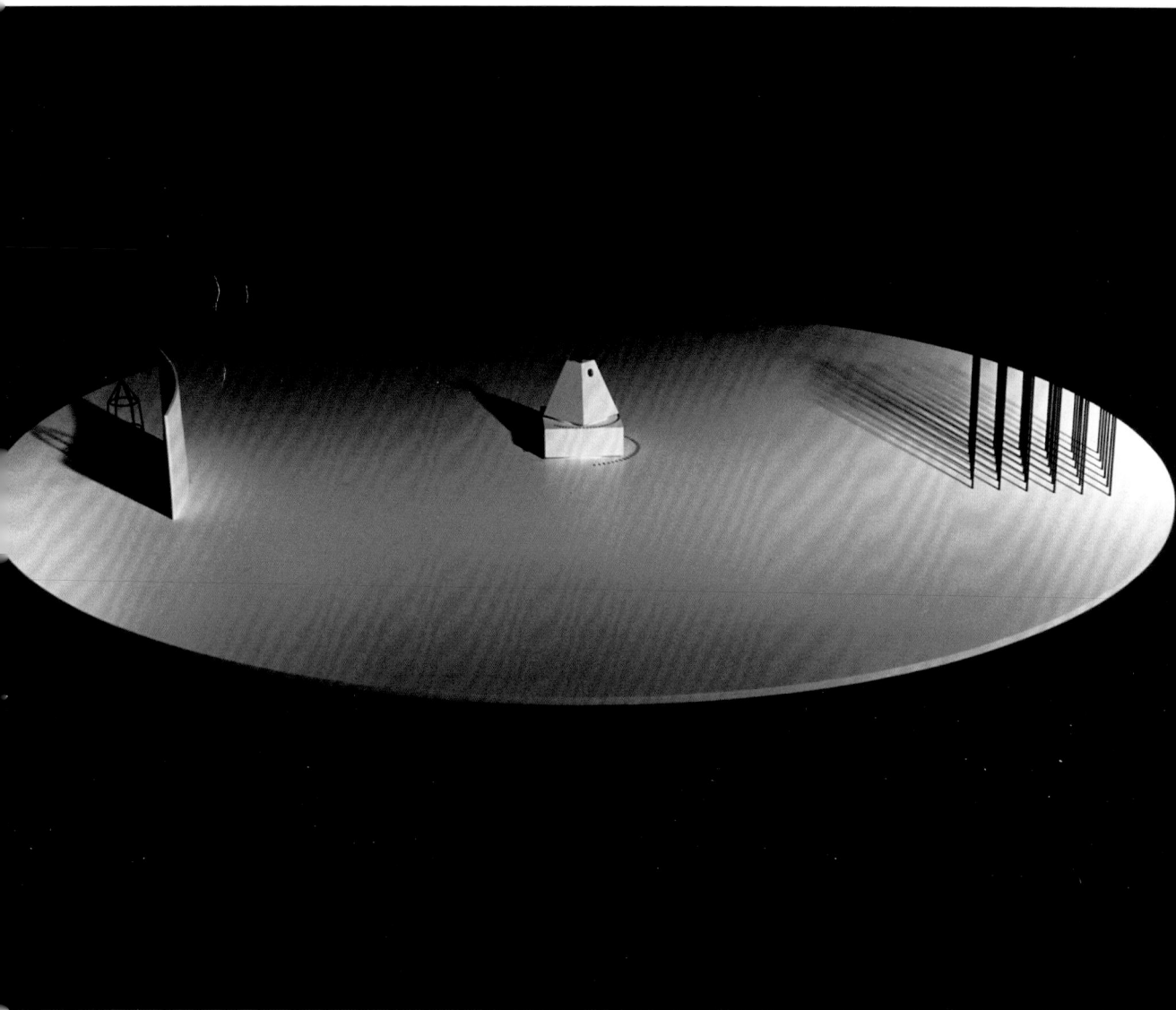

曲颈瓶建筑学概念模型 "月亮钟"

曲颈瓶建筑学概念模型 "废墟"

曲颈瓶建筑学
——考古学的片断

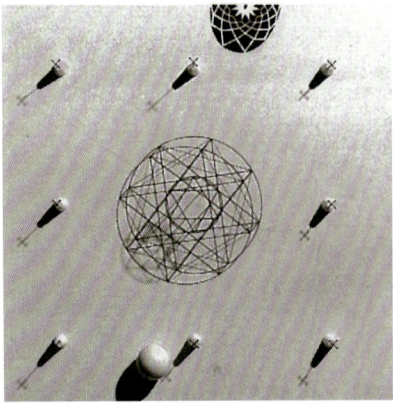
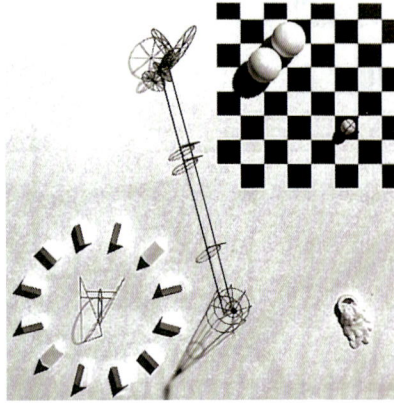
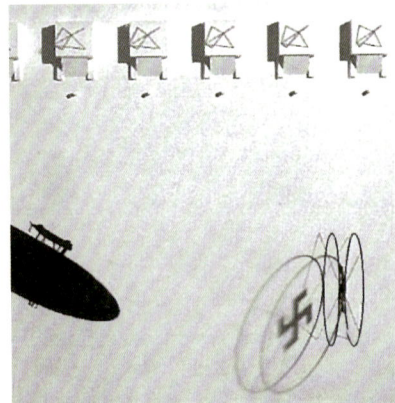
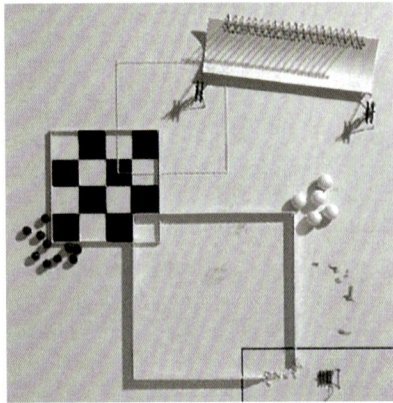

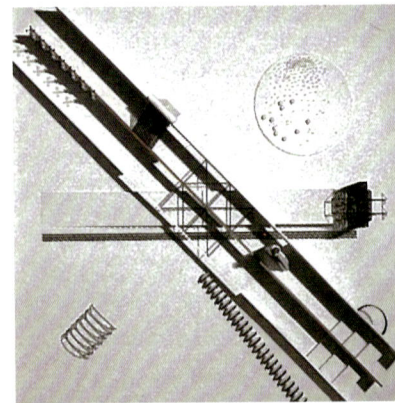
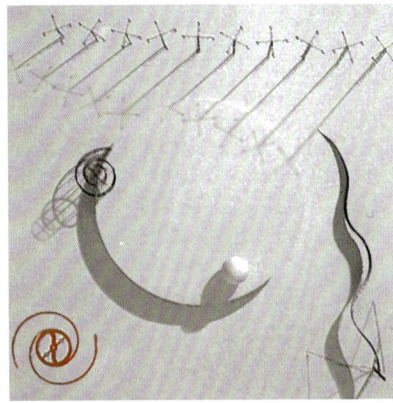
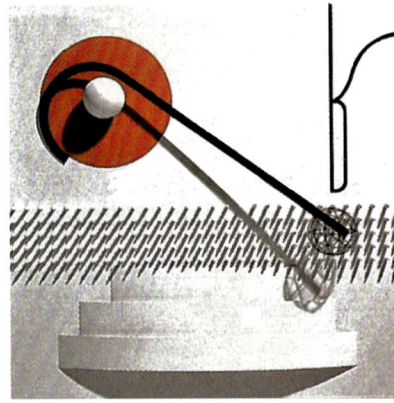

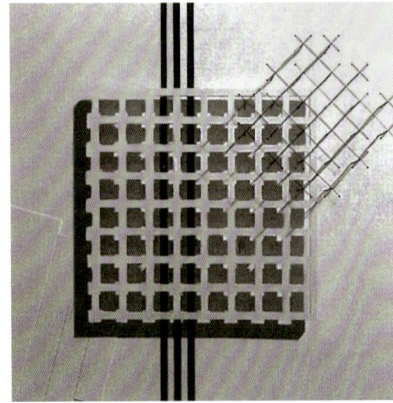
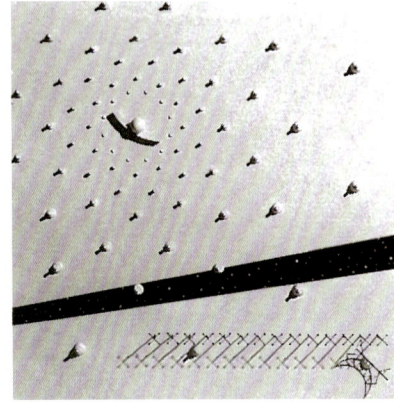

建 筑
ARCHITECTURE

茂木本家美术馆（野田）
Mogi-honke Museum of Art (Noda)

圆柱走廊

门厅

展厅

茂木本家美术馆由财团法人茂木本家美术馆设立并运营。收藏品多为近代日本绘画及浮世绘，此外也有不少以山为主题的作品。美术馆设计为"墙体在开阔地面上的延伸"，形成了与庭园融为一体的空间。庭园的一部分也被装裱起来，成为有生命的绘画。在这里，巨大的空洞、挑高的展厅、圆柱林立的室内庭园、望月塔等各具特色的空间如同小宇宙相互连接，造就了想象力上的空间延展。所用的瓦板是当地广泛使用的典型建材。

咖啡厅 MOMOA

在十字大厅内仰望

从塔内仰望

MOMOA 庭园

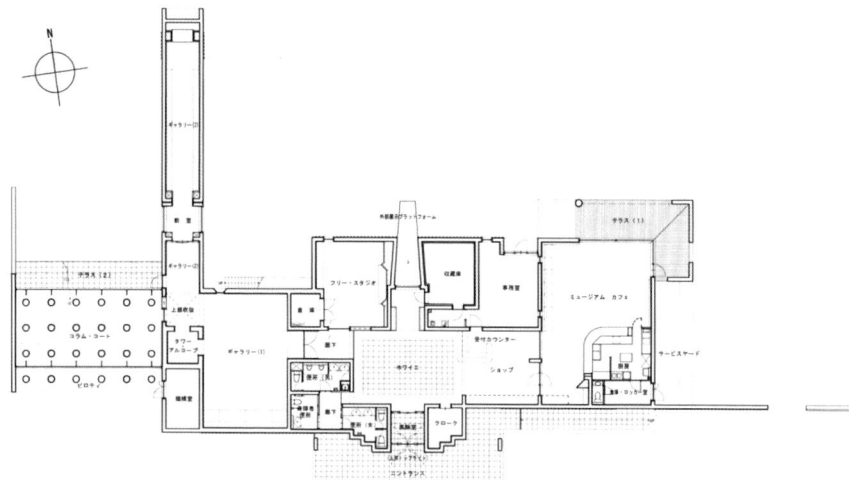

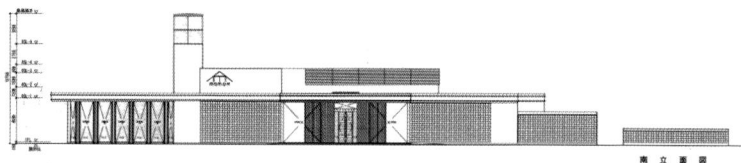

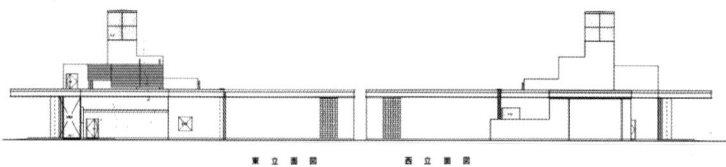

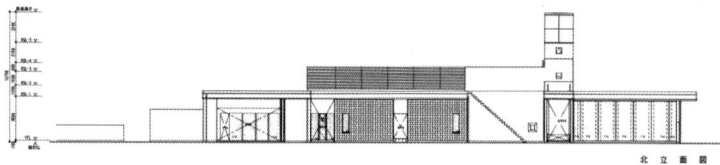

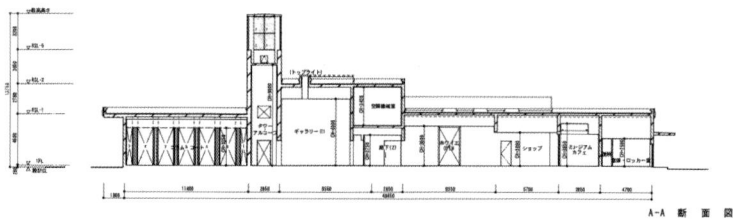

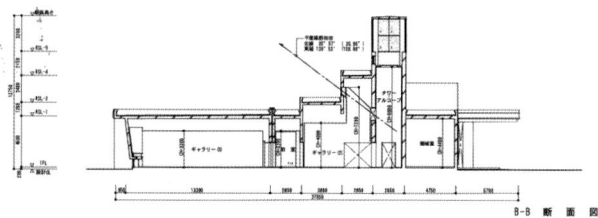

在美术馆西侧，现在（2011 年）正在扩建狭长的展厅和收藏库新楼。可以想象新楼建成后将与原有的狭长展厅一起，更好地体现与连接地表的祠堂庭园间的轴性。

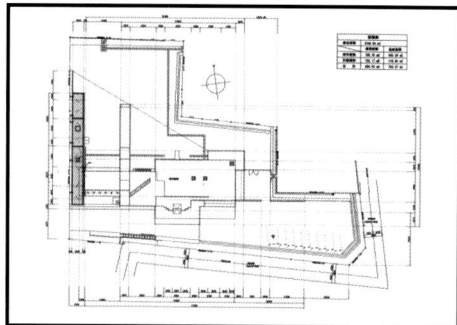

縞縞公园休闲回廊（大宫）
Rest Gallery in Shima-shima Park (Ohmiya)

用不同材质铺就公园
的条纹状道路（宽 3
米），建筑也沿用相同
的宽幅。

休闲回廊的主要功能包括洗手间、仓库和公园的机械控制室。缟缟（条纹状）公园中条纹遍布整个公园，成为富士山、筑波山等关东地区灵山妙峰的连接线。休闲回廊的设计是每座山的力量在这根轴上碰撞后拱起抬高的形状，将日常不可见的轴力呈现在大家眼前。此外，公园所在地远古时代是一片汪洋，回廊外墙采用的珊瑚石重现了远古的记忆。

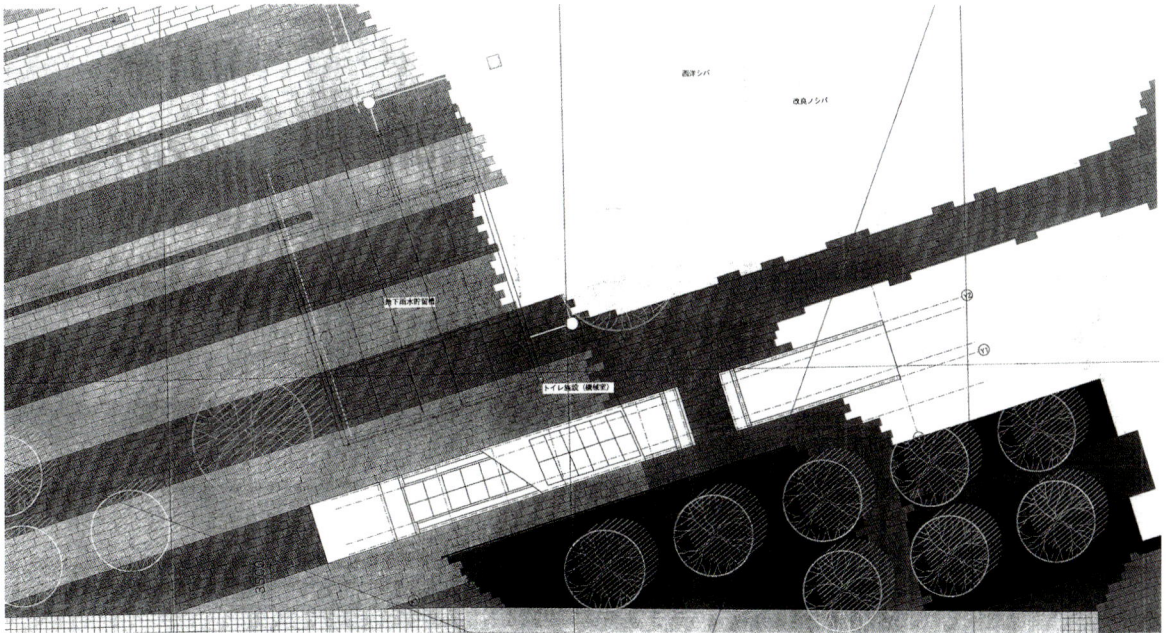

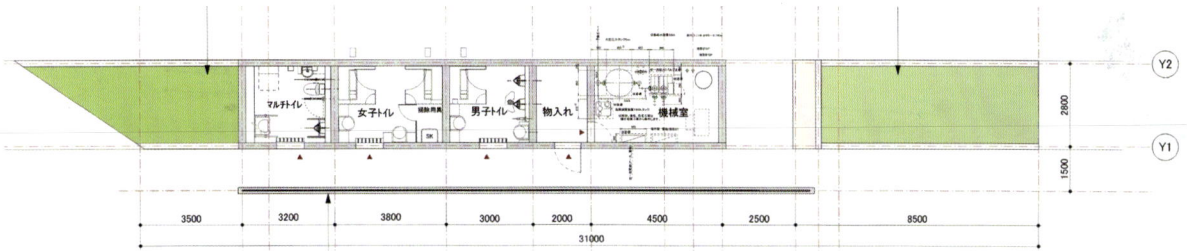

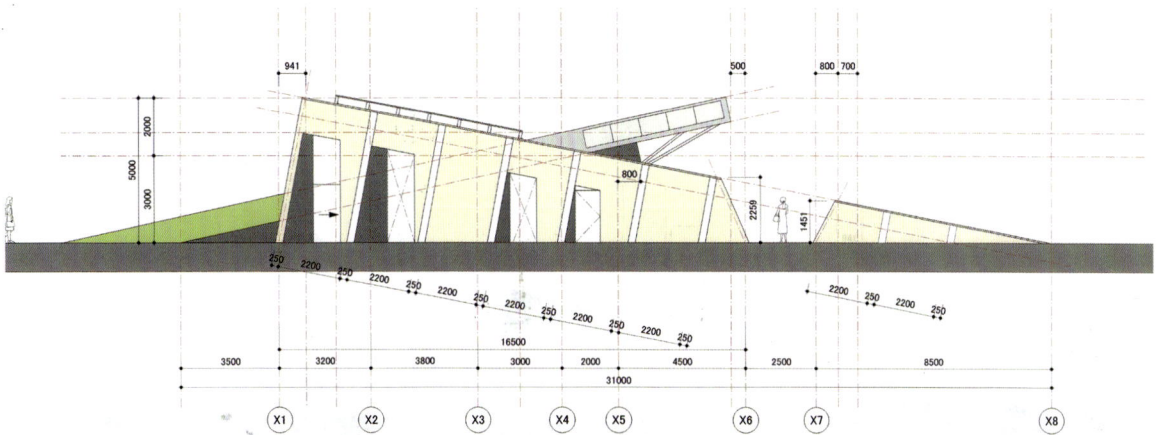

XEBEC 疗养营（神户）
Xebec Healing Camp (Kobe)

XEBEC 是特殊音响制造商，该疗养营是一个全日本巡展计划，第一站即为神户市。创造这样一个疗养身心的时空，是通过膜材和真草皮以及光、映像、音响等得以实现的。设计的第一宗旨是在黑暗中生成一个不确定的空间——让人仿佛置身野营帐篷又仿佛置身一个巨大折纸作品的内部。后方垂下的膜起到了映射光线的银幕作用。

高木盆栽美术馆东京分馆（东京）
Takagi Bonsai Museum of Art, Tokyo Annex (Tokyo)

壁龛展示陈列的松柏盆栽

屋顶盆栽庭园

此盆栽美术馆是稻取本馆（参见下面的规划图）的分馆，由室内部分和屋顶庭园构成。

为了拓宽盆栽带给人们的想象力，空间设计仅选取基座、台阶、门等最简单且保守的要素以及由石材和竹材构成的线条，除此之外的元素都尽可能排除。馆内展品除了松柏盆栽、拼栽盆栽、实物盆栽、小盆栽以外，还收藏有世界上最多的盆器和与盆栽有关的古书、装裱成卷的书画等。在另一栋楼的屋顶上设有盆栽培育所，也是该馆的美术品收藏库。

高木盆栽美术馆（稻取分馆）

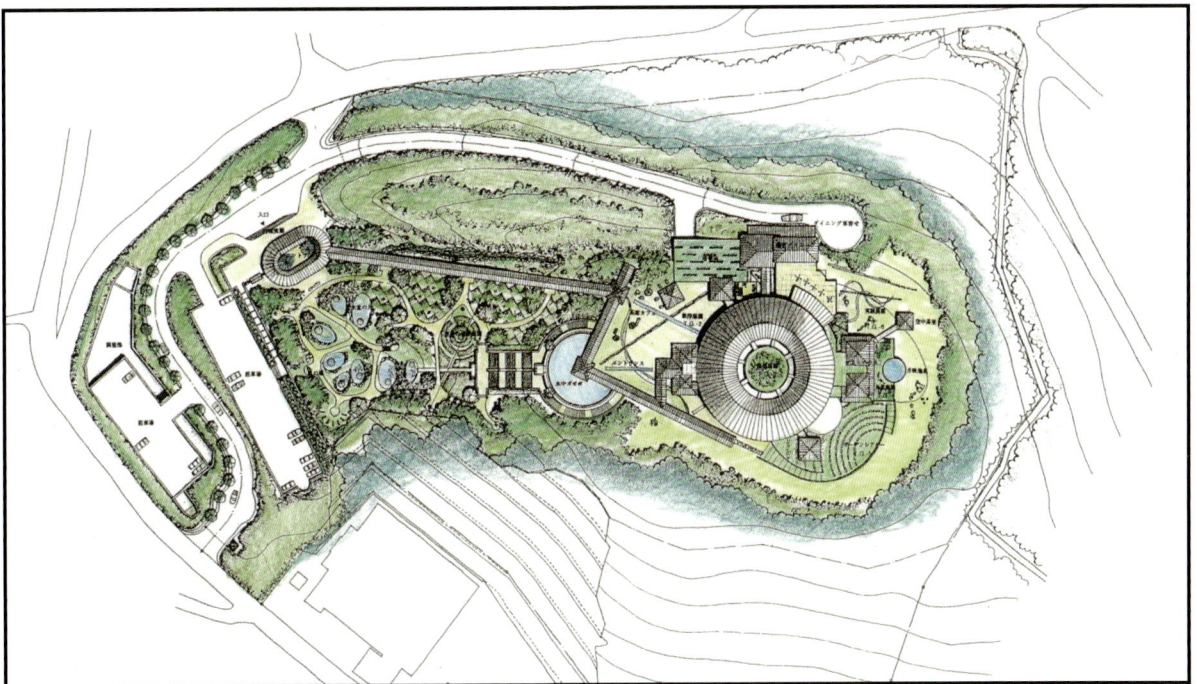

雷诺克斯带车库别墅（胜沼）
Lenox Garage & House (Katsunuma)

建筑的主人是赛车手，为他设计的是机械库房和居住空间。鉴于赛车设备原本在马厩里维修保养，因此设计了木质结构的马厩风格车库及别墅，并在别墅与车库间模仿赛车比赛维修专用赛道修建了配套的通路。二者共享一个中心轴，与海拔近千米的山麓景观融为一体。

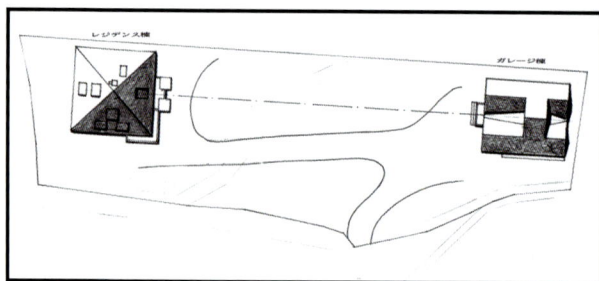

城市构想·城市设计
URBANISM

复数的城市，复数的城市构想
Plural Realities and Visions of the City

CITY CONTRA CITY

　　"城市"本身作为叙述的对象，或者作为规划的对象——即"城市"作为人类活动的意识客体开始得到研究，并非十分久远。实际上，毫不夸张地说，"城市"被客体化大约发生在近代工业社会初期。工业化带来人口聚集、从物理上和全球角度能够认识城市的技术开发、确立反自然等以机械为中枢的生产基础、发现集聚效应、知识分子的合理主义思考与交流沟通促使比较文化和民族主义的抬头，以及所有等级特权与神话的解体，这些现象交织产生，劳动、快乐和社会的组织化动态进行的近代时空，的确将"城市"，更贴切地说是将"城市的概念"扼杀在了萌芽状态。因此，可以说城市构想、城市建设规划（城市化设计）、城市论等基本上都是近代社会的产物。而带着批判的眼光重新审视经典的古代城市和中世纪城市，不用说也只能发生在近代社会。

　　在这里，让我们从单纯的时间序列来概观被作为构想或理论描绘的"城市"，你会发现它尽管粗糙却带着几丝波动。最初的波澜掀起于启蒙时代。这一时代史无前例地涌现出了大量的文化论和建筑论，其中有许多尝试讨论城市的论述。对于标榜合理主义的知识分子而言，城市扰乱了长久以来象征着物质性存在的"历史"及"制度"，成为脱离原有构建进行重新编制的绝佳舞台。

　　第二波涌来是在 19 世纪后半期，即产业社会开始整顿秩序的时期。产业乌托邦论、城市批评及理念上的城市设计和以公共卫生和促进产业为核心的实践性城市建设在不同层面上盛极一时。然而不要忘记的是上述言论的倡议主体多为社会思想家。

　　接下来的第三波出现在 20 世纪二三十年代。近代科技的革新明显改变了时间和空间的愿景，"城市"作为其复合体，成了与未来进行最惊险的直接连接的领域，众所周知。

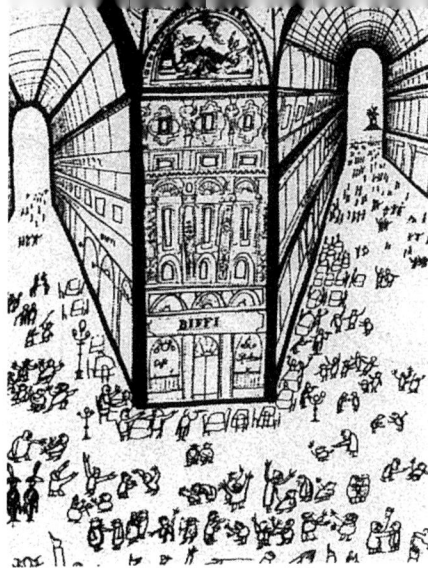

米兰的拱廊，Saul Steinberg 画（1949）

历史上从没有任何一个时期像当今时代这样，任由未来城市构想席卷整个社会。

最后一波，大约是从 20 世纪 60 年代到现代围绕"城市"这一主题瞬息万变的各种言论群。最初是普及汽车和流动性，然后是城市意义论，接下来是消费经济学和比较城市批评，到最后，与囊括电子信息技术的科技交流网的互动成为中心题目，牵引着这股浪潮。主流文化与大众文化及亚文化间的界线逐渐模糊，城市构想和城市论的言论主体也因此极度扩散开来。

在上述波动当中，如果存在可以指出的共性，那就是以时间和空间为函数的交流环境的形态与"城市"之间的主动关联性，正逐渐演变成潜藏于幕后的基调主题。

上面围绕"城市"的讨论，从某种意义上说，都是在欧美背景下形成的体系。然而上述波动，特别是自 20 世纪 60 年代之后，不再区分东西方而成为东西方共通的问题；只是发现问题的形式差异被当作文化差异反映出来。

对待现实的城市、施行了实践性城市规划的城市与城市构想、城市论中描绘的城市，不能采用实践与理论、现实与理想的单纯二分法定律，因为二者本来就是相对独立的问题。当然，城市构想会给现实的城市规划带来创造的指导方针，城市论作为对现实城市的批评、解读或注释也将发挥一定作用，反之，现实亦将给予构想和城市论以动机，类似的互动大抵是存在的。但是，构想和城市论自身本质上是纯粹的虚构，其所呈现的"城市"映像无论集结合成了任何姿态，也无非是还原后的替代城市。现实的城市与这种构想和城市论描绘的城市，就好比自然与人工物，或者爱与意识形态一样，是完全不同的。尽管如此，其差异本身却早已化作了城市魅力的内燃机——这么说或许有些夸张。

Documentary Eye
目撃された都市

被见证的城市

想要综合捕捉城市所具有的动态进展现象，照片（或图纸）这种记录形式是再合适不过的。而且对照片加以比较的话，就能从中窥探出令一个城市得以成立的、不可见的动力形态。

Ideal Eye
思想としての都市

作为思想的城市

城市是思考的机械。因此，城市批评、城市论、城市小说等言论顶多属于提出问题型的城市设计。于是才会不断探索诸如"城市是什么""城市给人类带来了什么"等问题。

Schematic Eye
図式・プログラムとしての都市

作为图式、程序化的城市

城市作为还原后的构造甚至体系，打造了城市的深层，这与时代的知识模式密切相关。即城市创造者、城市生产者等主体形象存在于城市背后。

Close Eye
体験媒体としての都市

作为体验媒介的城市

对于视平线、连续的一组镜头、身体感受等，城市作为其体验媒介，即使是毫无系统的，也仍处于人类尺度的延伸上。那里同时产生着被城市包裹在内的绝对化与记忆中的城市的相对化。

Aerial Eye
俯瞰された都市

俯瞰城市

俯瞰行为当中横亘着两种受难：一是想要克服以完整的形式观看城市全景的不可能性，二是想要拥有神之眼。人们常说俯瞰的图景就是最直观的城市景象。

Documentary Eye

目撃された都市

都市がもつ動態進行現象を総合的に感得するには、ドキュメンテーションの形式が最も適切である。それが風景ないし計画図という物質的な表現をとるとき、そこには都市を成立させている不可視の動力という非物質的なるものの隠喩が横たわっている。「今、ここに」ある（now-here）都市は、しかし実は「どこにもない」（no-where）都市であり、動態進行の変化率と変化を許容するシステムだけが仮設的にプレゼンテーションされているに過ぎない。とくに東アジア系の都市に、西欧文化的な「都市なるもの」以外を見出そうとする場合、それは一つの有効な方法ともなる。なぜなら、件の都市とは「空間の都市」というよりも、むしろ「時間の都市」であるからだ。言うまでもなく、時間というものは、混在や融合、変異や変節がもつ合理性を活性化するのである。

葛飾北斎「日本橋」／ピラネージのヴェドゥータ
◎都市の創造原理の対照性
日本の名所図会と西欧のヴェドゥータ（市街図）は、どちらも観光図でありながら、風景画と人物画の差異に似た違いが立ち現れる。遠近法と陰影の強弱のみならず、「景観」や「変化」を基軸にした都市と、「歴史」や「対立」を基軸にした都市といった創造原理の対照性がそこに浮上する。

ニューヨークの格子状街区／満州のコロニー計画
◎世界基準としての幾何学都市
コロニアルな都市創造は、管理マネジメントと拡大成長の論理によって、幾何学形状をとる。これは世界基準だと言ってもいい。完結化した植環境の構築とその重量、格子パターンによる無限の検証。

東京市区改正条例プラン／上海バンド
◎西洋的フォーマリティの遵稀性
帝都の情報の演出というアーバニズムはどの国家にも存在するが、それが整頓なフォーマリティを伴って遵稀化されるのは西欧文化の論理だ。東アジアの都市が西洋化されるプロセスで購入された都市のフォーマリティの遵稀性は、それがも着脱りとしての本質を屹立させる。

シンガポールの街並／島島の街並
◎ダウンタウンのメガストラクチャー
東アジアの都市にとっては、近代と伝統、メガストラクチャーとヒューマニティ、あるいは異質なるものの対立や和解、そして混淆は、西洋文化圏の社会ほど神輪的な主題とはなり得ないだろう。アンサンブルのプロセス、進行形の都市形態が、ここでは、自然にも近い都市の変化の原理なのだから。

ラスヴェガスの夜景／香港の夜景
◎誘惑の象形物
夜景は、都市の持つ真実を贄贅させる。そこに破壊した合理性を超えた誘惑の環境が出現する。文字自身に内化した象形体と外形的な象形加工された情報空間の翼が、誘惑の味覚の偏差となって語彙化する。すなわち、意味の餡和と形象の餡和。

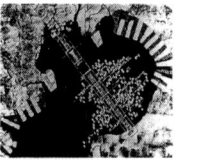

中村順平●東京改造構想／丹下健三●「東京計画・1960」
◎都市改造のダイナミズム
都市改造の2つのタイプ、内部の外科的再縮と外形的付加による内部の再縮。いずれも在来の市街の構造変革が惹起される。しかし改造の動機は、常に、災害復興か経済変異である。そしてまさにそのダイナミズムは、常に、変化のそれではなく、変化を制御するそれだ。

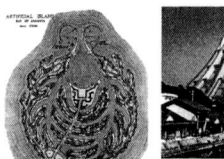

インドネシアの人工島計画／日本のゼネコンによる超高層都市構想
◎人工環境のフィジカルな表層
東アジアの都市に、表現の政治性を求めると、ほとんどの場合、徒労に終わる。ここでの政治性は、資本の流通と再配分の力学管理に吸収される。それ故に、技術主義の無傷な柔天性とパターン遊戯は、限題なく拡張され続ける。その意味では、都市や人工環境のフィジカルな表層を支配する建築や公共空間のシンボル性は、テイスト論の域を出ることはない。

戦災後のケルン／復興後のケルン　戦災後の銀座／復興後の銀座
◎カタストロフと復興計画
カタストロフとその復興計画は、都市の最もスリリングなテーマのひとつであろう。だが、何が復興されるのか。経済か。では文化は？　土地所有形態が圧倒的なインフラともなっている日本と、建物や公共概念がインフラになっている欧州とは、復興の様相も必然的に差異性していく。土地インフラの理念こそが、ビルド＆スクラップに揺大の可能性を与えることも事実だ。

中国・北京北海公園の九龍壁／沖縄のシーサー
◎都市の端末としての象形装飾
装飾には伝説が背後に横たわる。欧州の彫像や建築装飾がマン・シティ・インターフェースを良くするものであるとすれば、我国の場合は、まずミクロな自然の想像力を惹起させる方面での構入であり、次に土層的な象形装飾の布置ということになるのだ。そしてこの都市の端末が失われたとき、都市は近代的無機質をもった無国籍の領域を彷徨し始める。

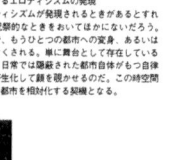

全共闘の安田講堂占拠／天安門事件
日本の祭り／インドの怒り
◎都市におけるエロティシズムの発現
都市のエロティシズムが発現されるときがあるとすれば、それは祝祭的なときをおいてほかにないだろう。都市はここで、もうひとつの都市への変身、あるいは変貌を余儀なくされる。単に舞台化して存在しているのではない。日常で隠蔽された都市自体がもつ自体的な意題が野生化して顔を覗かせるのだ。この時空間は、内部から都市を相対化する契機となる。

Ideal Eye

思想としての都市

都市が相対化されると同時に、それを思想のある種の形態として捉えることや、そこが思想の孵化器となっていくこと——つまり思考の機械として都市が機能し始める。これらはときには都市批評としての都市論、ときには社会組織論としての都市論、またあるときは未来構想や社会記述としての都市小説など言語を基体とした言説となって登場する。政治性や権力機構、経済原理、公共の理念、コミュニケーション、そして人間の尊厳の問題が、都市という場を媒介として省察され、語られる。そこでは、「都市とは何か？」という問題もさることながら、「都市が人間に何をもたらしたのか？」という問題が、肯定・否定の視点をとり込みながら探索されていくのである。思想としての都市がもつ言説は、その意味で、プロブレマティック・アーバンデザインとして見ることもできるのだ。

「E.T.A.ホフマンのよく知られた小説のなかで、隅室の椅らに坐った従兄もこれと同じことをする。しかし窓のなかにとどまっていなければならない男の視線は、いかに当惑げに群衆を眺めていることであろう。そして（ボードレールによって描かれた）珈琲店の窓ガラス越しのこの男の視線は、いかに生き生きとしていることであろう。この観察位置の相違のなかに、ベルリンとロンドンの相違が潜んでいる。」
ヴァルター・ベンヤミン
（『遊民』より）

「庭園を如何にデザインするかを識る者なれば、都市のプランをおこすのに何の困難も感じることはないだろう。そこには広場が、小径が、大通りがある。幾何図的さと気紛れが、対立と調和が同居し、変化をもたらす思いがけない要素がある。すなわち、部分には大いなる秩序を、全体には、混乱と喧騒と動揺を。」
マルク・アントワーヌ・ロージエ
（『建築への試論』より）

「（前略）大都市は何にもまして、過度的な大資本の創造するところのものとなり、従って匿名性を形印される。さらに、それは自身の経済・社会的及び心理的な基盤を備え、その子うに、最大限の孤立と人口の最も濃密な集中とが共に見出されるように、個体的な、個人的影響を迅速に抑圧していくのである。」
ルードヴィッヒ・ヒルバルスザイマー
（『大都市建築』より）

「最大の価値をもつイメージとは、強烈な全体的な場に最も近いもの、つまり、密度が濃く、固定していて、鮮明で、あらゆるエレメントのタイプ形態の特徴がまんべんなくとり入れられていて、場合に応じて体系的にでも組立てられるようなものであろう。」
ケヴィン・リンチ
（『都市のイメージ』より）

「計画は政治ではない。計画は偶発状況のさなかに立ち上げられる合理的で計画的なモニュメントだ。（中略）偶発状況は、変化としての"人間"に関わるものののみならず、人間とのつながり、我々との、我々自身の関係において判断されなければならない。すなわち、それは、生物学、心理学によって。」
ル・コルビュジェ
（『輝く都市』より）

「大都市にとって決定的なのは、その内的生活が波状に広範な全国的あるいは国際的な領域へと拡張するということである。（中略）大都市のもっとも重要な本質は、物理的限界を去えたこの機能的な大きさにある。」
ゲオルグ・ジンメル
（『橋と扉』より）

「都市もまた主要な経済機構である。」
ジェーン・ジェイコブズ
（『都市の原理』より）

「都市は洞窟や鳥の流群や蜂巣と同じように、自然のなかの一事実である。またそれは、意識的な芸術作品であって、その共同社会としての枠組のなかに、より単純でより個性的な多くの芸術形態を捉えている。精神は都市のうちに姿を現わし、逆に都市形態は持続する条件づけものである。なぜなら空間が、時間にもまさるとも劣らず都市のなかに巧みに再構成されるからである。」
ルイス・マンフォード
（『都市の文化』より）

「速度によって織りきれた地球、新しい世界感覚。つまり、人間は連続的に、住居感覚、自分たちの住む地域に対する感覚、都市感覚、地理学的な地域に対する感覚、大陸感覚を獲得する。（中略）曲線、螺旋、連続する隅壁感、速度がトンネルに対する愛、都市と田舎を鳥瞰する列車と自動車の連度によってつくられる視覚的総合と観賞の習性。速度、短縮、要約に対する愛。」
フィリッポ・マリネッティ
（『無線想像力と自由な状態のことば未来派宣言』より）

「ラスヴェガスはアメリカのヴェルサイユだ。」
トム・ウルフ
（『キャンディ色のタンジェリンフレーク、流線形の赤ちゃん』より）

「形のリストは無限に続く。あらゆる形がそれぞれに自分の都市を見出すことができない限り、新しい都市が生み出され続けることだろう。形のすのあらゆる変化を試みつくして消滅し始めるとき、都市の終末が始まる。地図帳（アトラス）の最後の数ページで、始めも終りもない網の目の、目が、ロサンジェルスの形をした都市が、京都一大阪の形をした都市が、形もなく溶けてしまう。」
イタロ・カルヴィーノ
（『見えない都市』より）

「都市環境のなかでわれわれの五感を鱈っている雑多な騒音や嗅覚や視覚に加うるに、各人に提供される芸術作品の種類を増加を考えてみるがいい。われわれの文化の基盤は過剰、生産過剰にある。その結果、われわれの感覚的経験は鱈実に鈍麻さをりつつある。現代生活の物質的充満や人口過密と、あらゆる条件が力を合わせて、われわれの感覚的鋭力を鈍らせようとする。」
スーザン・ソンタグ
（『反解釈』より）

「現代では、モノよりも空間やその社会的性格の方が重要なのである。おそらく、住環境はこのために他の消費対象とは逆の機能をもつのである。モノの場合には均質化の機能が働くが、住環境の場合には空間の質的機能が働く。静けさの質や光の質の追求とされるの価値の高尚という現象は、最上層と農下層が実際の違いとなってあらわれるの目が、それゆえに、均質に消費し過剰する量の差を見るべきではなくて、（中略）追求される財の質に結びついたたけ社会的差別を読みとるべきなのである。」
ジャン・ボードリヤール
（『消費社会の神話と構造』より）

「私たちはアリストテレスの都市建設の全原則を要約して、都市というものは人間に安らぎと幸福感を与えるよう建設されていなければならないといった言葉がよくわかるのである。それが実現されるためには、都市建設ということ一個単に技術上の問題であるばかりか、むしろそのもっとも単純な高度な意味でとりわけ芸術的の問題でならなければならない。」
カミロ・ジッテ
（『芸術的原理にもとづく都市計画』より）

「この語（都市国家〔シテ〕）の真の意味は、近代人のあいだでは、ほとんど全く見失われてしまっている。近代人の大部分は、都会を都市国家〔Cité〕と、また都会の住民を市民〔Citoyen〕とちがえている。彼らは、家屋が都市をつくるのに、市民がシテをつくることを知らない。」
ジャン・ジャック・ルソー
（『社会契約論』より）

ポール・ヴィリリオ

スーザン・ソンタグ

ジャン・ボードリヤール

ジャン・ジャック・ルソー

フリードリヒ・エンゲルス

ルネ・デカルト

マーシャル・マクルーハン

П.A.クロポトキン

パトリック・ゲデス

後藤新平

渋沢栄一

「階級的な美学、芸術、建築、都市が打ち立てられるのではなく、美学、芸術、建築、都市についての階級的な批評のみが打ち立てられ得るのだ。」
マンフレッド・タフーリ
（『建築神話の崩壊』より）

「都市はヴィクトール・ユゴーが示したように一篇の詩である。しかし、ひとつの主題に集中した古典的な詩ではなく、記号表現を繰り広げる一篇の詩なのである。」
ロラン・バルト
（『記号論と都市の理論』より）

「（オースマン以前の）芸術委員会のパリのプラン、ならびにオースマンの改造プランは、都市をめぐる2つの概念を描き出している。前者のプランはバルザックのパリに対応したものであり、分節された街区（カルチェ）とさまざまな社会が閉ざされている。一方、オースマンのそれはゾラのパリであり、資本主義によって過剰化された統合されたメトロポリスである。」
フランソワーズ・ショエ
（『近代都市』より）

「〔権力中枢〕が存在するかわりに、さまざまな力の中枢が存在するかわりに、各種の構成要素——権量、空間、制度、規則、言語表現——から成る各様な網目が存在するとの原則であり、したがって監視都市のモデルは国王の身体ならびにそこから発する権力ではなく、同様に、個別的でもあり集団的でもある身体がそこから生ずるような契約上の諸量素の集まりでもない。それは、本性上および次元上の本様子構成の要素の戦略的な配分であるとの原則である。」
ミシェル・フーコー
（『監獄の誕生』より）

「速度は都市から、運動の支配から生まれる。都市は生まれたときから、ギアボックスだった。それに対し、農村は逆に迷宮である。」
ポール・ヴィリリオ
（『速度革命』より）

「私は建築中の家、取り壊しの地区、約束の時間に遅れてくる人々が好きだ。私は彼の状態が好きである。（中略）どちらかというと、パリは舞台のセットのような印象を与える。（中略）私はカルチェ・ラタンやヤマ地区には決して住めないだろう——あまりにも眺めがよすぎるのだ。もし私がパリに住まなければならないとしたら、シャンゼリゼ通りのロンポワン広場周辺の家がいい。そこは少なくとも、古い伝統から離れているからだ。」
フェデリコ・フェリーニ
（『私は映画だ』より）

「鋼の歩道、物見台、宿営と列柱を取巻く階段、これら二、三の状態からでも、俺はこの街の庫を見当がついたと信ずる。」
J.N.A.ランボー
（『飾画』より）

「『トータル・デザイン』という思想は何らかの経歴に汚点を残しており、たびたび疑惑の対象となってきたけれども、今日に至るまで都市論とその実践に関しての心理的な土台となってきていることは否めない事実である。」
コーリン・ロウ
（『コラージュ・シティ』より）

「このような個人の孤立、このようなおろかな利己心が、いたるところでわれわれの今日の社会の根本原理となっていることを知っているにしても、この大都会の人ごみのなかはどあつかましくも賤劣に、意識的にあらわれるところはどこにも。人間を、それぞれ独自な生活原理と独自な目的とともに等子（モナド）へ解消すること。すなわち原子の世界は、ここではもう頂点に達しているのである。」
フリードリヒ・エンゲルス
（『イギリスにおける労働者階級の状態』より）

「最初は小さな城下町にすぎなかったが、時とともに大都会に発達していったあのふるい都市は、ひとりの技術家が原野に自分の空想にまかせて引いた整然とした要塞都市に比べれば、普通はなはだ不揃いで、不細工で、家並にしたのは理性をもった人間の意志ではなく、むしろ偶然だといいたくなるくらいである。」
ルネ・デカルト
（『方法序説』より）

「民族の覚醒にとって新しい新聞が必要であるのと同じように、わが郷土には新しい建造物が必要である。そして、学校や大学、美術や音楽が民族に献げるものとなるようにれわれは配慮するであろう。ドイツの都市は新たな外観を帯びることになり、その精神的な建築学的な地域開発によって宣揚することになる。（中略）私は率直に言って、すべての博物館に必要なものは、新しい建物と新しい都市だと考えている。」
アドルフ・ヒトラー
（『ヒトラーは語る—1931年の秘密会談の記録』より）

「こんにち、道路（ロード）はその〔変換点〕を越え、都市を幹線道路（ハイウェイ）に変えてしまった。そして、本来の幹線道路が連続して都市の性格を帯びる。もう一つ、道路が〔変換点〕を越えたあとの特殊的な逆転は、田舎がいっさいの労働の中心でなくなり、都市が娯楽の中心でなくなることだ。実際、道路がよくなり、輸送の便ができると、古いパターンを逆転して、都市を労働の中心に、田園を娯楽と慰安の中心にしてしまったのである。」
マーシャル・マクルーハン
（『メディア論—人間の拡張の諸相』より）

「実際、中世都市について知れば知るほど、都市生活が絶頂に達した時のように、労働が高く輝いられ、尊敬された時代はないと、確信する。それだけではない。現代の急速派が熱望するところの多くが、すでに中世で実現をみており、さらにそれ以上、ユートピアとされているが、当時にあっては、現実であったのだ。労働は楽しいものでなければならなくなり、などという考えも失われてしまうが、——しかし、中世のクッテンベルグの街の以上、次のように述べている。『何人も楽しんで労働しなくてはならない。（後略）』」
П.A.クロポトキン
（『相互扶助論』より）

「この迷宮のような都市複合体（civicomplex）の中では、単なる情報はありえない。見えても見えなくても、考え出す才がおろうとなかろうと、楽しかろうといやいやであろうと、病身であれ健康であれ、各人は身々たあしかれ彼の全寿命の糸を繰りこさねばならない。」
パトリック・ゲデス
（『進化する都市』より）

「一種東京と云ふのは東京市民の都市には違ひないけれども、世界の都市である。日本で云ふと日本の帝都であって、六大都市の一を窩まって居るけれども他の都市とは一緒にならないのである。だから世界中の金は懸れども掛けなければならぬ。掛ける金は借金になるけれども頂う云ふ風にして賠却が出来る。（後略）」
後藤新平
（『東京市の新計画について』より）

「無暗に都市の人口が増し、自然町宅の價が高くなると云ふが、有力な生活難の一原因であるのみか、居宅の價が安くなし、三十坪の家賃が二十圓に下るとすれば、それだけ生計的の餘裕が出来る勘定である。而して都市の衛生にも、好影響を与へる。」
渋沢栄一
（『村荘小言』より）

Schematic Eye

図式・プログラムとしての都市

図式あるいはプログラムとして表現された都市に、都市そのものがもつ複合度や重層性はない。そこにあるのは、図式やプログラムのもつ複合度であり重層性である。こうしてヴィジョン化された都市は、著しく還元された構造ないしシステムのイメージを見る者に与える。図式・プログラムとしての都市は、それゆえに、表層には見えない都市の深層の形態、都市を支え構造化する非物質的な基盤やソフトウェアを表現する。つまりそれは、都市なるものを形づくるメタ言語の在り様を示すコンセプチュアル・マップであり、コンセプチュアルなパターンダイヤグラムであり、コンセプチュアルなシナリオにほかならない。この都市は、したがって、都市生産者、都市創造者という主体像をその背後にもつ。そしてこの図式・プログラムの基本形態が、ある意味で、時代の知のモデルと相関するのである。

ヒュー・フェリス●明日のメトロポリス（1929頃）
建築家にして画家、同時にユルバニストでもあったヒュー・フェリスの都市構想の原綜には、科学、芸術、ビジネス、それに思考、感覚、感情といったファクターがそれぞれ三位一体的に扱われ、人間と都市を語る上で関係付けられている。構想をフレーム化するダイヤグラム。

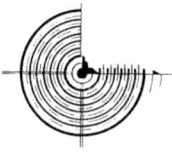

レオン・クリエ●ワシントンD.C.
──都市の入れ子化（1985）
「機能ゾーニングがもたらす反都市」に対する「都市コミュニティがもたらす都市」の提案。後者はヒューマンスケールの小都市が、都市の中の都市として、入れ子状に組込まれた図式が展示されるアンチ・メトロポリス。この差異の標準は、都市整備に際して移動速度のブライオリティをどこに置くかにかかっている。

トマス・カンパネラ●「太陽の都」のダイヤグラム（1613）
カンパネラに見られる都市の図式。こうした幾何学的かつ同心的なシェマは、モレリーやフーリエにも窺うことができる。都市の基層となる原理がそこから見出せる。

エベネザー・ハワード●「明日の田園都市」のダイヤグラム（1898）
著名なハワードによる田園都市ダイヤグラム。核都市と衛星都市のシステマティックな関係性、そして都市のスペックが明確に示される。ここでは細かい具体性は一切排除された。

ミリューチン他●ツツシノゴロドの都市アセンブリー・プログラム（1930頃）
ミリューチンによる線状都市プログラムは、都市自体を輸送軸に沿ったアセンブリー・ラインとして考えた生産王国とするものである。このアセンブリー・ラインのプログラムは、中組経済計画の上位フレームの中で柔軟に対応するシステムであった。

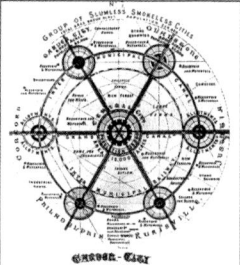

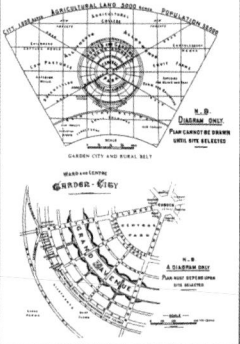

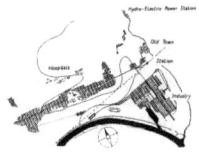

トニー・ガルニエ●「工業都市」のダイヤグラム（1904頃）
ガルニエの図式は、近代ゾーニングの祖型的意味合いをもっていた。用途区分、輸送系、他都市や外界自然との関係が、この単純きわまりない図式の中で描かれる。単純さと都市が異体的ヴィジョンとしてもつ豊かさとは、基本的に関係はない。

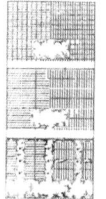

ルードヴィッヒ・ヒルベルザイマー●シカゴの街路スキームのオルタナティヴ（1950頃）
マーケット・パーク・コミュニティで検討された街路のグリッドパターン、このパターンはそのまま街区のインフラ形態と組織形状を規定するという意味において、まさしく図式が都市の本性を表現する。

イワン・レオニドフ●マグニトゴルスクのサイトプログラム（1930）
レオニドフとOSA（現代建築家協会）による居住単位計画は、サイトプログラムとしてプレゼンテーションされている。還元化されたプラン、パターン、アクソノメトリック、エレヴェーションなどが単位区分と共有し、格子のシステムが基本地盤を形成する。

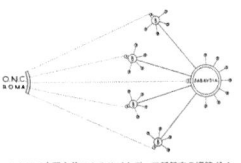

イタリア合理主義によるサバウディア新都市の機能ダイヤグラム（1934）
サバウディア新都市とローマ母都市、その間の衛星村落の関係を描いた図式。衛星村落は農業金業との複合体で農園を形成し、サバウディアはその巨大で相似的な複合空間として、母都市に対する上位の衛星都市となる。

ル・コルビュジエ●「輝く都市」の都市組織のパターンダイヤグラム（1920年代）
「輝く都市」の中で基本的かつ都市組織を形づくる中高層連続住棟のパターン。パリ、ニューヨーク、ブエノスアイレスの伝統的な都市組織がもつ記号形式と戦略的な対比が試みられている。

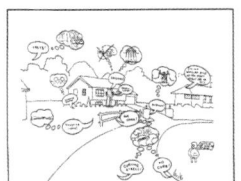

D. スコット・ブラウン他●居住環境のシンボリック・プログラム（1960年代）
郊外都市の環境がもつシンボルとそのナラティヴなシナリオが、カリカチュアとして提示される。レヴィット・タウンをモデルにしたこのシンボリック・プログラムは、環境イメージの読解と計画への手掛りを与えてくれる。

ピーター・クック●「インスタント・シティ」生成のプログラム（1971）
六つのカットシーンで語られるこれらの都市ヴィジョンは、都市生成のプロセスプログラムともなっている。軽量・可動・メディア志向の都市創成術が、静的で不活性状態の都市に活力とダイナミズムを吹き込む。

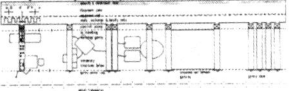

セドリック・プライス●ポタリーズ・シンクベルトのダイヤグラム（1966）
フロリア構成主義にも見られる輸送主義ラインにもとづくコミュニティ形成。コミュニティの全体性に基盤をもつ新しい人間理の追求。労働/教育の新たな統合、新たな知的生産ラインの設定による超制度の再編が、ダイヤグラムとして構想される。そこでは過例的な都市デザインの規範は看過される。

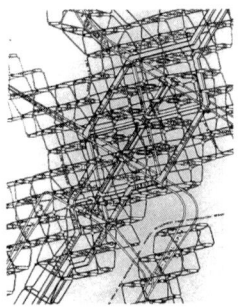

デニス・クロンプトン●コンピュータ・シティのダイヤグラム（1964）
初期的なコンピュータ・シティの図式。網状になったコミュニケーション図路、性能や機能の仕様詳細とし記述、全体構造の可視的な曖昧性と不定形な成長力などが訳求された。

ローリー・アンダーソン●モチーフ・プログラムとしての都市
都市のイメージ断片は、記憶のファイリングシステムに収蔵され、そこから無数際のサンプリング行為が行われる。再び、イメージと言語的の関係が連続されつつ、都市のあるへと収蔵していく。無機質と人間性が規格化された混沌が、都市のイメージの背後で露出度を高めているのだ。「シティー・ソング」より。

Close Eye

体験媒体としての都市

都市のイメージ、アイレヴェル（虫の視点）、ヒューマニティ、シークエンスの豊かさ、体感、認知、そして逍遥の快楽——これらは都市を人間の体験媒体として捉える際に効力を発揮するものであることは論を俟たない。これらは人間尺度の延長上にあり、どちらかといえば非体系的な領域を形成し、都市消費者や都市生活者にとって馴じみやすいマン・シティ・インターフェースとなる。都市の物語性や寓意性も、そこに、ひとつの安住の地を見出すだろう。具体的に可視化された親密感のある都市ヴィジョンに、コミュニケーションメディアによる情報創造が重ね合され、この志向性はますます苛烈なものになっていく。体験媒体としての都市では、都市にインヴォルヴされるという絶対化と、記憶の中での都市の相対化が同時生起するのである。唯一、視点のもつ枠組が、都市の認識形態を暗示するのだ。

ヴォージュ王室広場、パリ（1652）
王室広場（プラス・ロワイヤル）は、王侯が居住する場所で、エレガントでフォーマルな都市空間として意識的に整備された。均質なファサード、規則化された屋根ライン等のコントロールによって、独特の雰囲気をたたえたヴォリュームが都市内に出現する。

ジョン・ラスキン●中世の文化都市空間モデル
ラスキン、W.モリス、ピュージン等の文化主義者にとって、親密で手づくり的な中世都市は、産業社会が恢復すべき都市の真実であった。この歴史主義、復興主義の態度は、都市を芸術として、人間にとっての創造媒体として捉えていることを意味する。

A. サンテリアの描く現代都市（1910年代）
イタリア未来派の都市構想は、電気、動力エネルギー、速度などがスペクタキュラーに扱われた祭典舞台のようだ。個々の施設プログラムはほとんど等閑視され、構成と造形のダイナミズムが見る者に「驚異」を与える。

シカゴの街路計画（1918）
シカゴのノース・ミシガン通りを敷地として提言された街路の統一化構想。主要な公共空間を意識的にデザイン整序し、都市美を創出していこうとする計画は、今世紀前半を席捲したナショナリズムや首都整備熱によって苛烈なものとなっていく。

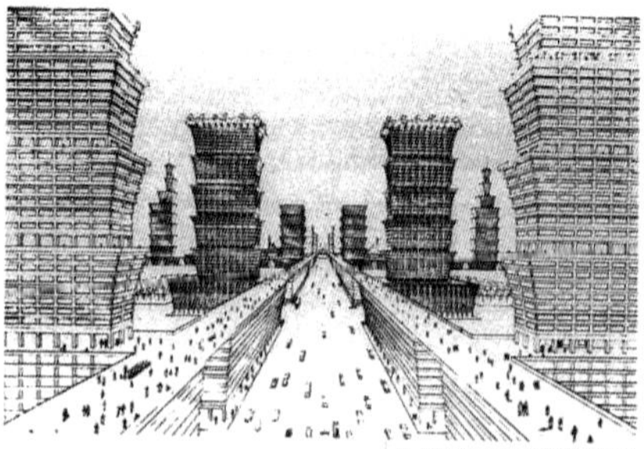

G. リッチアルディ●都市街路構想（1949頃）
メガストラクチャー志向、人工自然、そして多層化された交通空間、こうした近代空間はそのスピーディな特質を訴求する構図で描かれる。

ロシア構成主義による都市パフォーマンス（1927）
革命10周年にレニングラードで催された都市パフォーマンス。「貴族を打倒せよ」のテーマの下に、幾何学的な具象性が既成のアナクロニスティックな都市風景に対立し、煽動的な祝祭感によって都市が覆われる。

ウジェーヌ・エナール●街路の新しい形式（1900—1930年代）
エナールがヴィジョン化した街路は、並木をもつブールヴァールと建物によって境界付いたリュー（路地）のデザインを折衷的に組合せ、新しい街路の形式を生み出すことにあった。

ル・コルビュジエ●「公園の中の都市」ヴィジョン（1925頃）
コルビュジエの描く「公園の中の都市」ヴィジョン。ヒューマンスケールの衛生的なこのイメージは、太陽、緑、大気によって疑いもなく正当なものにされていく。

「サイエンティフィック・アメリカン」誌に掲載された都市の高架歩道（1913）
近代期の未来都市構想は、テクノロジカルな表現そのものよりも、むしろ、交通や人間活動の立体的な積層システムに眼が向けられていた。それはまた同時に、集積と過密化をも物揚するものであった。

ゲオルグ・クロッツによる都市風景（1920）
無機的な表情しか持たぬ仮象のような建物や街路、生産の兆しとしての煙突、顔のない機械人間。近代メトロポリスのもつ風景原理、倦怠、戦慄、そしてヒューマニスティックな存在としての人間のアイデンティティの喪失などが、ダダイズム的脈絡の上で語られた。

ラスヴェガスに見られる20世紀モートピアの風景
伝統的な都市空間の論理や言語は、ここラスヴェガスのようなモートピア（自動車郷）においては全く無効なものとなる。ロードサイドの広告環境は、今世紀が生んだ大いなる都市の文化であった。

ヴァイゼンホフ・ジートルング（住宅都市,1928）を背景にしたコラージュ
モダニストによる実験住宅の集積が、ひとつの白く直角で簡素なスタイルをもつ都市的空間を出現させた展覧会。この絵葉書は、後に、モダニストに対立するアカデミストが、モダニズム環境はアラブのような周縁の文化に似つかわしいと揶揄したコラージュである。

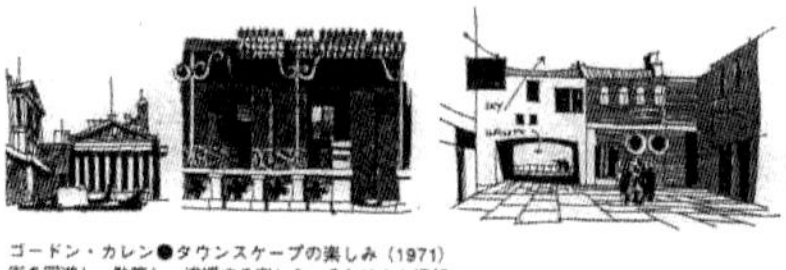

ゴードン・カレン●タウンスケープの楽しみ（1971）
街を回遊し、散策し、逍遥する楽しみ、それはまた情報量の多い都市環境をオープンシアターとして、あるいはオープンミュージアムとして捉える試みであろう。情感を誘発するシークエンスのデザイン、書割り装置としてのタウンスケープ。

イタリアのティポロジア計画（1970年代）
ティポロジアの計画は、都市の再生を全体と部分の関係をデザインすることで試みようとする。全体とは街区のシステムであり都市の形態学であり、部分とは要素建築のタイポロジー（ティポロジア）である。多様性の中の統一、統一の中の多様性という不易のテーマが繰返される。

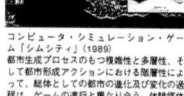

ヨナ・フリードマン●「空中都市」の公共空間（1960前後）
フリードマンに代表されるいわゆる空間派のユルバニストは、場所に関係なく汎用できる建築的な都市空間のシステムを、テクノロジー志向の下に追求する。人工環境の構築が、未来空間の祖型として提示された。

アルド・ロッシ●「都市の構成」ヴィジョン（1973）
アルド・ロッシの単明で形而上的な風景の中には、都市の形象をめぐる共同的ないし社会的な記憶の断片が、まるで芝居仕掛のようにちりばめられている。初源的な再構築が再び演じられる。

コンピュータ・シミュレーション・ゲーム「シムシティ」（1989）
都市生成プロセスのもつ複雑性と多層性、そして都市形成アクションにおける階層性によって、総体としての都市の進化及び変化の過程は、ゲームの進行と重なり合う。体験媒体としての都市の魅力は、このゲームの成熟度に比例するだろう。しかし同時に、「これは都市ではない。(Ceci n'est pas une cité.)」——シミュレーション言語による、都市とは関係ない固有な世界の創成なのである。

Aerial Eye

俯瞰された都市

都市を俯瞰しようとする欲望は、もはや人間のもつ不易の情熱＝受難と化したと言ってもいい。それは視界の中に――すなわち自己の認識世界の中に――都市の全体像をおさめようとする情熱であり、現実にその全体像を完全な形で見ることの不可能性を克服しようとする受難、神の眼を所有しようとする受難である。気球、パノラマ、地図、展望台、航空機、衛星、革新絶え間ない多様なテクノロジーやメディアは、この俯瞰欲望を刺激し、俯瞰イメージがそのまま都市全体のイメージとして語られる。都市を境界化し構造付ける物理的な構成が、都市が包括的にもつランドスケープが、そして象徴的なるものの所在が、そこに示されているからだ。この虚像が上位に君臨する下で、都市のアクティヴィティが交通する。俯瞰された都市は、たとえそれが現実と寸分違わぬものであったとしても、イメージ化された都市の全容＝ヴァーチャル・シティにほかならない。

フーリエ●「ファランステール」のパノラマ（1847）
村人たちが産業共同体ファランステールを見晴らせる丘より、もう一段高い場所からその構図を一望する。ファランステールでは共同建設された共同の場所が称揚され、曲面に布置された生産宮殿という共同景観。

ソリア・イ・マータの線状理想都市の鳥瞰（1880年代）
スペインの左翼イデオローグ、ソリアの線状都市構想は、もともと分離する2つの旧市街を連結する都市として開発されたが、生産主義モダニズムのユルバニスムに多大な影響を与えた。中央の輸送ライン軸が、ルネサンスの遠近法に代わり、鳥瞰図自体を構造化する。

ウジェーヌ・エナール●未来の都市景観（1930年代）
交通エンジニアにしてユルバニストでもあるエナールの構想は、都市空間を多層的な動きのインターチェンジとすることであったと言っても過言ではない。象徴的な形態を誇示する壮大なサーキュレーションビルの林立によって、サンジミニアーノと見紛うばかりの不思議な都市空間のヴィジョン化する。

マリネッティ他●空中線状都市構想（1943）
好戦的なマリネッティは、1910年代の頃より、軍事的困難を大いに採り入れるがその独自の都市ヴィジョンを構想した。大胆かつ静的で規格化されているにすぎないベルト状の街区を、飛行機のもつ速度とダイナミズム、大胆かつ自由になった空中都市は、飛行戦艦のようにリニアーな形をとりつつ、衛星空間の複合体がスピーディに描かれる。

ザボロジェ●居住都市エリアの鳥瞰（1930）
ロシア構成主義に嘘うことのできる典型的な都市ヴィジョン。空撮を指示する構図は、もはやきわどいほど抽象化されているにすぎないこのヴィジョンは、実際、ニューヨークの都市計画にガイドラインを与えるものでもあった。

ヒュー・フェリス『明日のメトロポリス』より（1928）
再び都市と自然が直面したかのようなフェリスの幻想的な都市構造。グランドキャニオンの風景と対比されるこのヴィジョンは、実際、ニューヨークの都市計画にガイドラインを与えるものでもあった。

イワン・レオニドフ●マグニトゴルスク計画（1930）
レオニドフによる新都市をデモンストレーションするこの図版には、「建設を接続する強国ヴィエトのために」というキャプションが添えられている。神に近い眼と手をもつ国家的建設イデオロギーとコンストラクティヴィズムの重なりを映した。

モスクワのヴィジョン（1946）
スターリニズムの都市空間は、ドイツ・ナチズムやイタリア・ファシズムの都市空間と同質のモニュメンタリズム、スーパースケール感、そしてモビリティなどの要素が劇場的にもたらされている。俯瞰がもたらす操作可能な模型への憧憬性が、そうしたヴィジョンを強化する。

A.＆P.スミッソン●ベルリン計画（1958）
近代都市計画の基調理念を定式化した近代建築国際会議（CIAM）解体後、より現実都市とのアクティヴな接点をアーバニズム上で展開したTEAM10のスミッソンの構想。成長、変化、モビリティなどの要素が挿入された人・車共存の都市モデルとして機能した。

A.L.ロッシ、D.マッツォレーニ●新しい都市構造（1968―70）
当初、高速移送網や巨大複合建築によって可能化し構造化された60年前後の都市ヴィジョンは、その年代末により拡散し、抽象的な構造をもつものへと変貌する。テクノロジーの両義性、情報流通の問題が都市ヴィジョンにライトモチーフとして反映される一方、表現は造形的性格を強めていく。

フランク・ロイド・ライト●ブロードエーカー・シティ（1934―50年代）
テクノロジーと自然の楽天的な共存、道路や通信網などのインフラ系の主導は、アメリカのアーバニズムと真逆に映える独特だ。ライトの「ブロードエーカー・シティ」は、農業と産業の至福の未来を予告する構想として、その鵠実的意味合いをもっている。

ル・コルビュジエ●リオ・デ・ジャネイロ改造計画のスケッチ（1929）
リオに象徴される近代的なストラクチャー、コルビュジエは高い視点を好む。そこから望まれる新しく創造された地勢は、彼にとっては巨大な大地の肉身であり、ピュアリスムのキャンバスに近いものだった。

レオン・クリエ●エヒテルナッハの都市ヴィジョン（1970）
モダン以降の歴史主義的な合理主義においては、都市空間の著劇的な再編成が実行される。それは既成の都市組織にカミロ・ジッテ流の広場や回路を連続的に象徴することで、都市全体の意味論上の豊饒さをも恢復しようとする試行でもあった。

O.M.ウンガース他●ベルリン、リヒテルフェルト計画（1975）
建築のタイポロジーと都市制御造とは間関的なものであること、近年の都市研究によって明らかにされている。それらのタイプの新しいレイアウトによって、いかに新しい意味の繊物とランドスケープが創造し得るか、その記号の分布状態を鳥瞰的枠組でデザインする。

OMA●ニューヨーク、コロンブスセンターの計画（1970年代）
都市自身がつくり出す無意識を、その要素となる形象やプログラムをめぐる偶続的なリサーチによって読み出すという手法。新しい機能空間と寓意性を創造しより、空間化して表現された都市神話創造のシナリオ。

カステロ地区の多機能地区整備計画、フィレンツェ（1989）
既成の都市に、新たな複合性と秩序系をもつ都市を象徴し、都市的かつレギュラリゼーションを重視する。新たな通信系を繋げるために、新規の都市電脳チップを既存の神経系に接続する手続きでプランニングされる。

湾岸戦争 米軍爆撃機モニタ画面上のバグダッド・イラク空軍司令部（1991）
地球探査衛星やステルス戦略機からの都市認知は、計量とユポロジー的な、神のカメラ・オブスキュラに比肩された俯瞰である。この超人的な眼差しは、精度の構造さ、リアルタイム、新たな視覚的な臨場感を、全体像一望、即時認識へと向かう俯瞰ヴィジョンに書き加えた。

幕张副都心改造构想 "La Cité Douce"
Converted Vision for Makuhari Subcenter

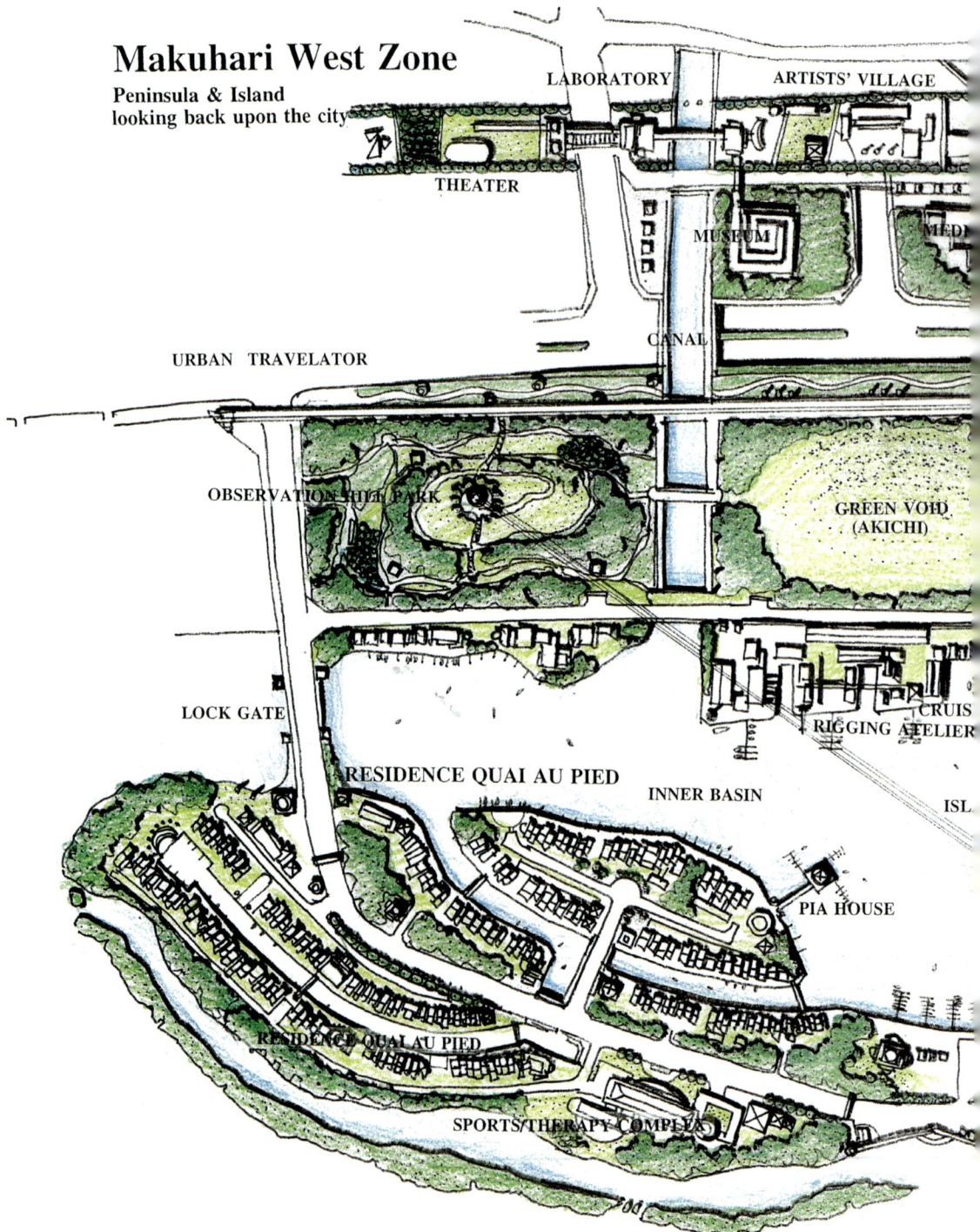

Makuhari West Zone

Peninsula & Island
looking back upon the city

LABORATORY

ARTISTS' VILLAGE

THEATER

MUSEUM

MED

CANAL

URBAN TRAVELATOR

OBSERVATION HILL PARK

GREEN VOID
(AKICHI)

LOCK GATE

CRUIS

RIGGING ATELIER

RESIDENCE QUAI AU PIED

INNER BASIN

ISL

PIA HOUSE

RESIDENCE QUAI AU PIED

SPORTS/THERAPY COMPLEX

0   100   500

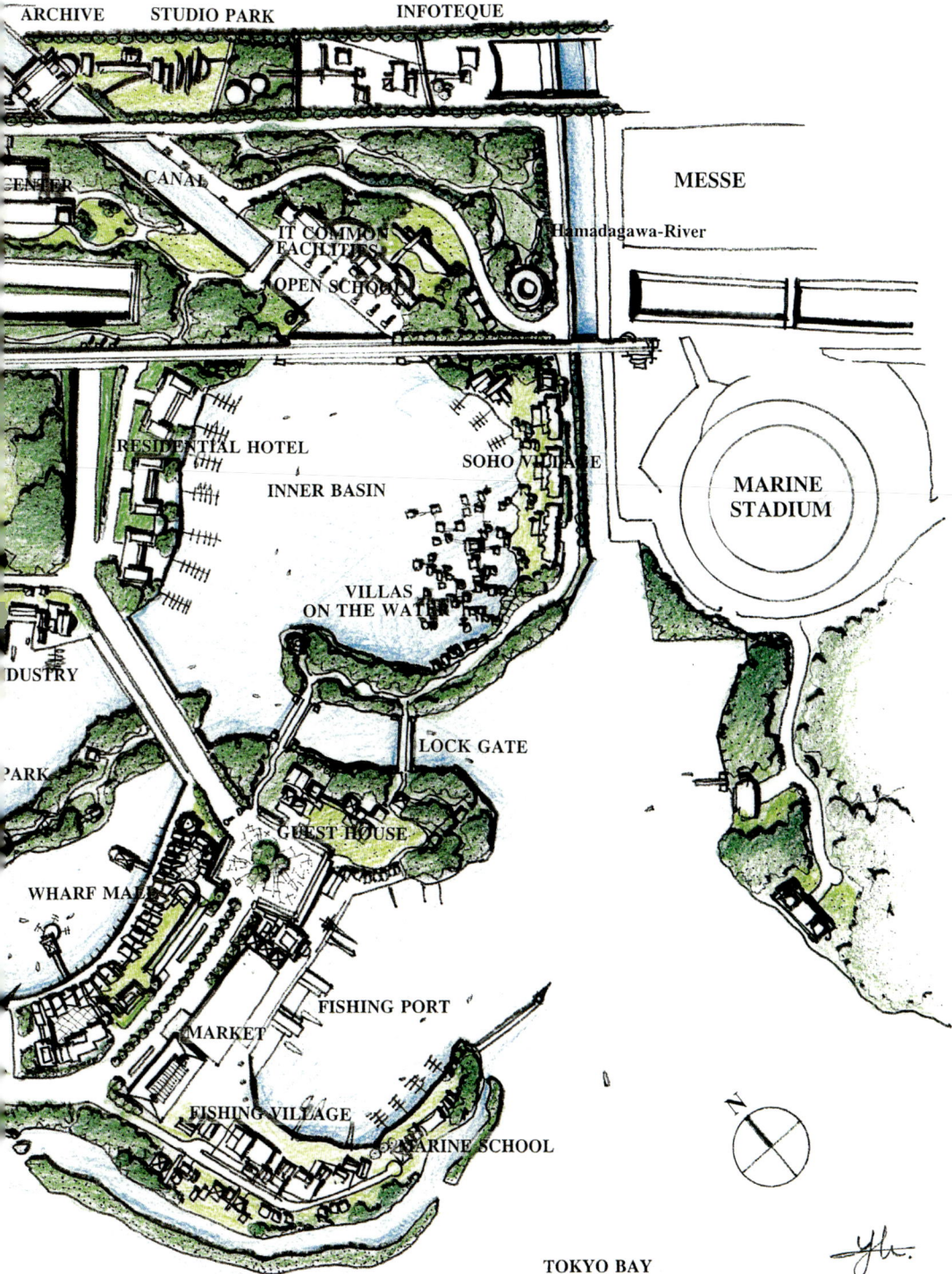

CULTURAL PRODUCTIVE BELT

ARCHIVE   STUDIO PARK   INFOTEQUE

CENTER   CANAL

MESSE

IT COMMON FACILITIES

OPEN SCHOOL

Hamadagawa-River

RESIDENTIAL HOTEL

SOHO VILLAGE

INNER BASIN

MARINE STADIUM

VILLAS ON THE WATER

INDUSTRY

LOCK GATE

PARK

GUEST HOUSE

WHARF MALL

MARKET   FISHING PORT

FISHING VILLAGE   MARINE SCHOOL

N

TOKYO BAY

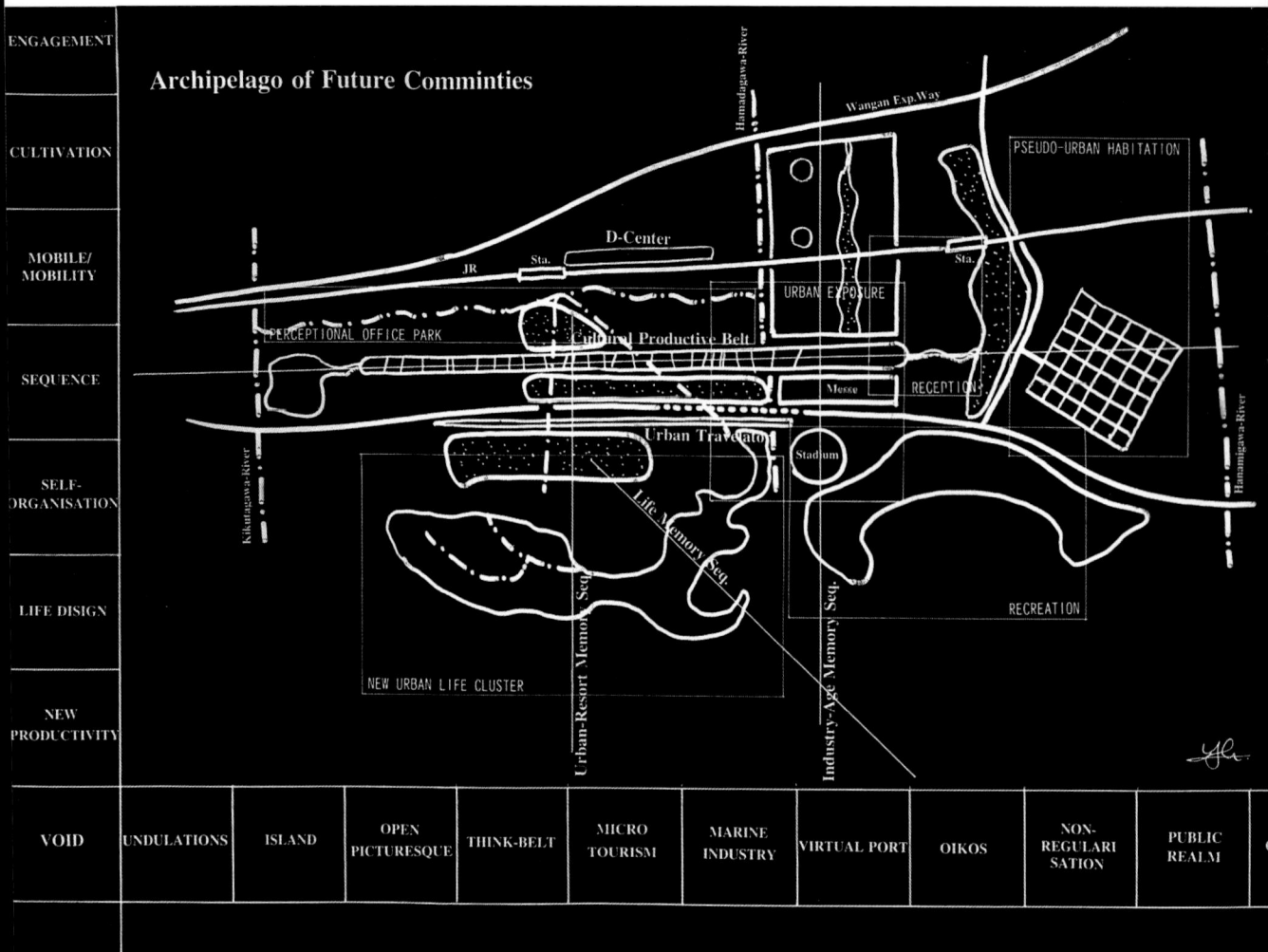

Archipelago of Future Comminties

ENGAGEMENT

CULTIVATION

MOBILE/ MOBILITY

SEQUENCE

SELF- ORGANISATION

LIFE DISIGN

NEW PRODUCTIVITY

PSEUDO-URBAN HABITATION

D-Center

JR Sta.

URBAN EXPOSURE

PERCEPTIONAL OFFICE PARK

Cultural Productive Belt

Messe RECEPTION

Urban Travelator

Stadium

RECREATION

NEW URBAN LIFE CLUSTER

Hamadagawa-River

Wangan Exp.Way

Sta.

Kikutagawa-River

Urban-Resort Memory Seq.

Life Memory Seq.

Industry-Age Memory Seq.

Hanamigawa-River

VOID	UNDULATIONS	ISLAND	OPEN PICTURESQUE	THINK-BELT	MICRO TOURISM	MARINE INDUSTRY	VIRTUAL PORT	OIKOS	NON- REGULARI SATION	PUBLIC REALM	

东京以东的副都心幕张是一个集会展设施、体育场馆、国际级酒店、写字楼、新兴住宅、大型购物中心等于一体的、公共交通便捷的城市，只是城市空间内缺少连体性、记忆性和寓意性。于是如同做外科手术般地尝试了城市改造构想——回复并再生人类文艺复兴理想中的城市组织。主要要素包括：大规模改变海岸线、创建游艇停靠港、引入"思考带"（知识性生产活动基地的锁链式）、建造无目的的空地、扩充绿色公园和公共空间并对此进一步深化等。

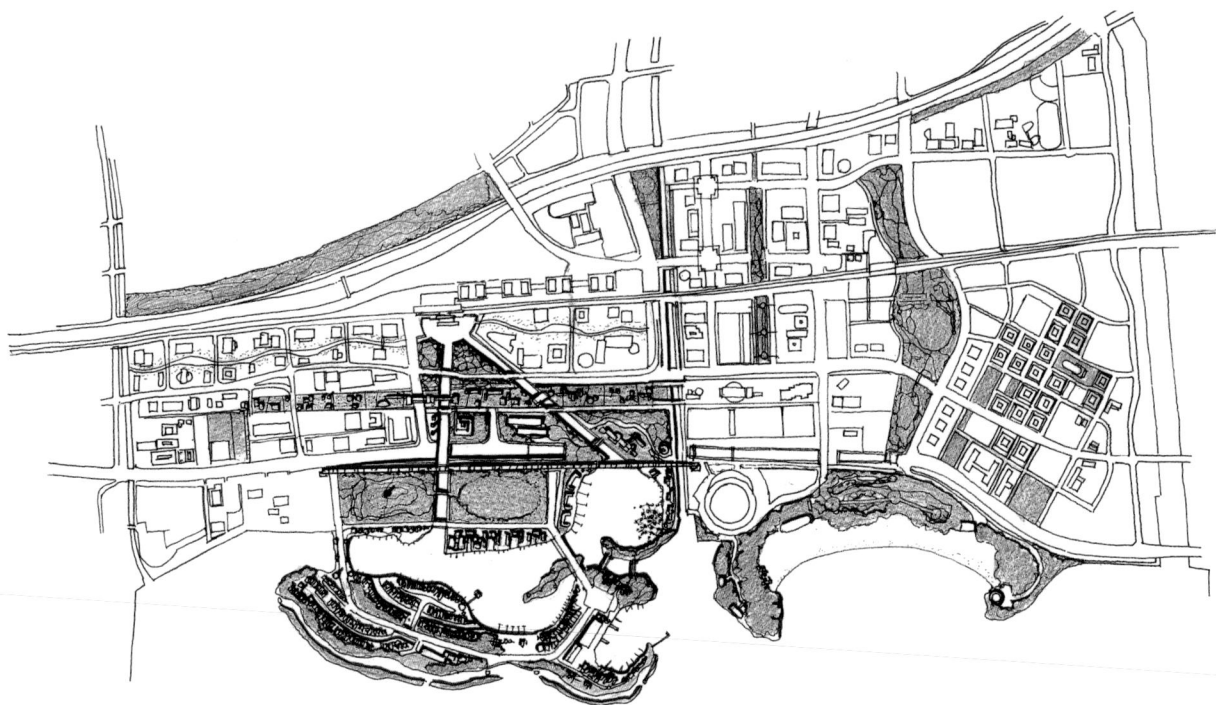

幕张西部
Makuhari West

幕张东部
Makuhari East

幕张副都心

新都心中心广场计划（琦玉）
Project for Central Plaza at New Urban Center (Saitama)

规模约 1 万平方米的新都心广场计划。设计目标是要把这里起到时间、空间与人类交汇点作用的十字路口环境变为新都心全新的记忆广场。其外围采用欧洲王室广场式的回廊，中心配以池水，创造出各种著名景观。此外，运用动力技术变换广场的场景，展现千变万化的交流环境。

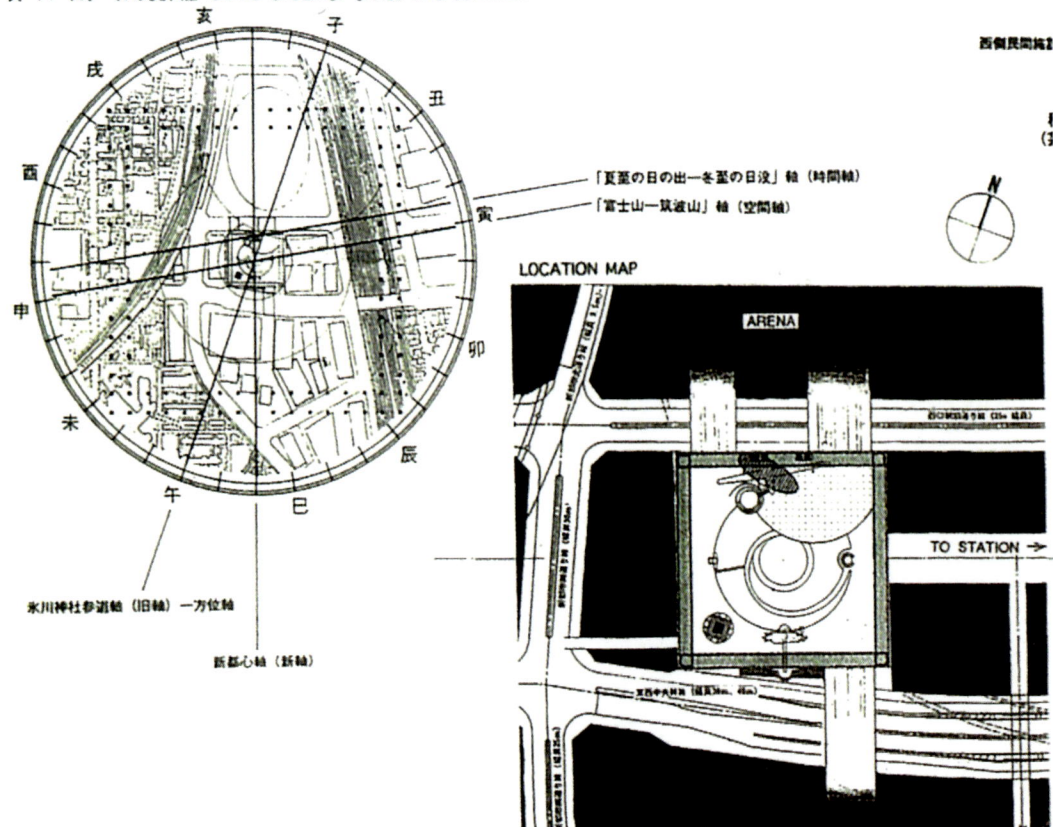

スーパースケールの秩序軸／GRAND ORDER OF SPACE-TIME CONTINUITY

LOCATION MAP

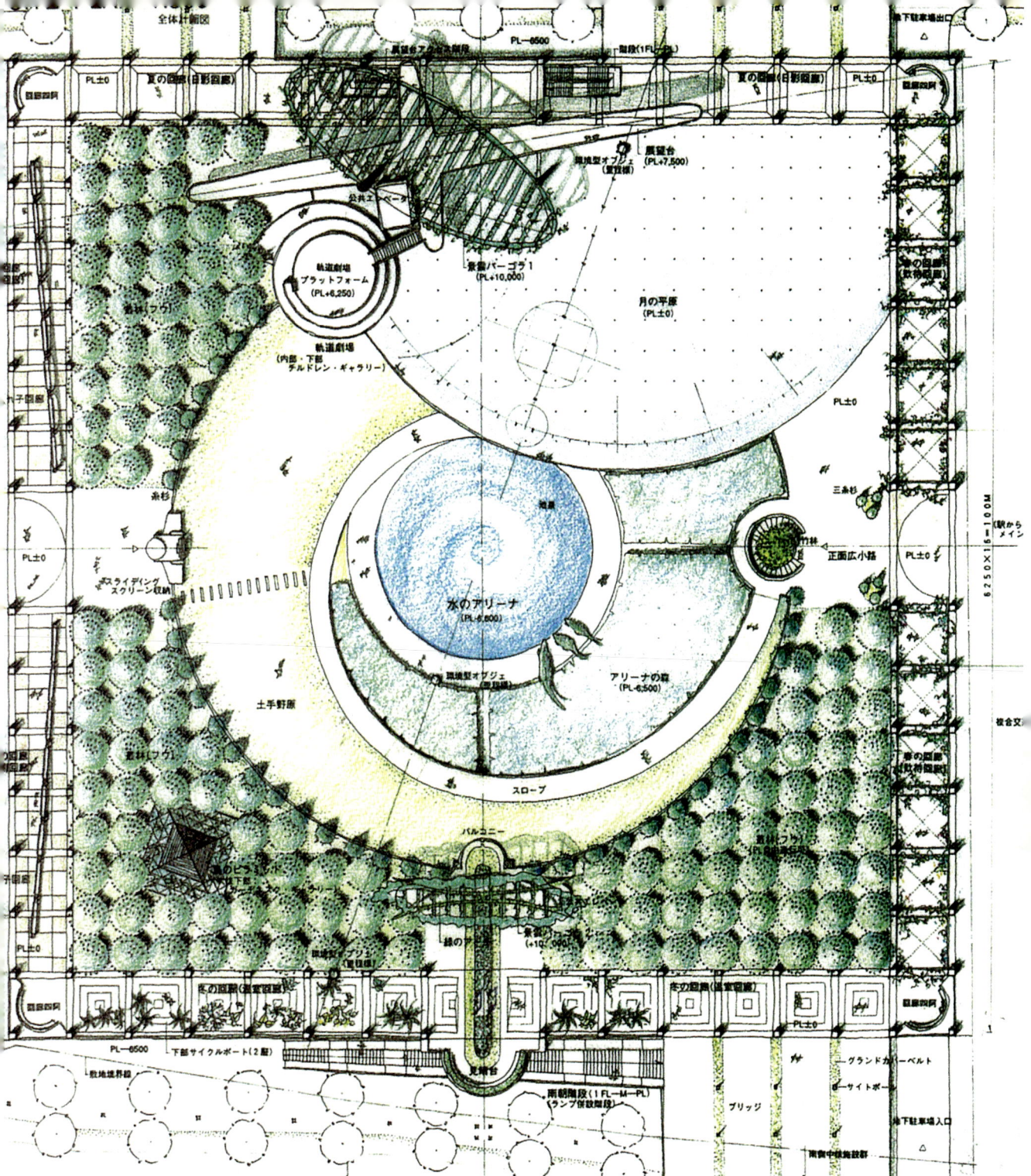

全体計画図

展望台アクセス制限
階段(1FL—)
PL±0 夏の回廊(日影回廊) PL±0 回廊回廊
PL±0 夏の回廊(日影回廊)

展望台
(PL+7,500)
環境型オブジェ(望遠鏡)

公共エレベータ
景観パーゴラ1
(PL+10,000)

軌道劇場
プラットフォーム
(PL+6,250)

月の平原
(PL±0)

海の回廊(軟体回廊)
PL±0

軌道劇場
(内部・下部
チルドレン・ギャラリー)

三条杉

PL±0
糸杉

竹林
正面広小路
PL±0

スライディング
スクリーン(収納)

水のアリーナ
(PL-6,500)

環境型オブジェ(望遠鏡)

アリーナの森
(PL-6,500)

土手野原

春の回廊(軟体回廊)

スロープ

バルコニー

樹林フウ
(PL-6,500)

6250X16=100M(駅からメイン)

複合文

のびっ子広場
(下部)

景観(+10,000)

冬の回廊(温室回廊)
PL±0

冬の回廊(温室回廊)

環境型ブリッジ(電気)

下部サイクルポート(2階)
PL-6,500

PL±0

グランドカバーベルト
サイトボード

敷地境界線

夏祭台

南階段(1FL—M—PL)
ランプ併設階段

ブリッジ

地下駐車場入口
南側中核施設群

SITE SECTION 1:300

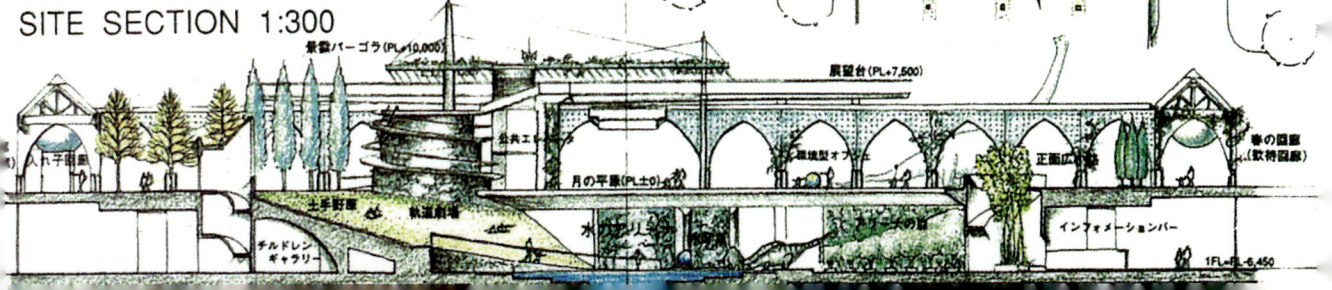

景観パーゴラ(PL+10,000)

展望台(PL+7,500)

公共エ

八子回廊

月の平原(PL±0)

環境型オブジェ

正面広場

春の回廊(軟体回廊)

土手野原

軌道劇場

チルドレン
ギャラリー

水のアリーナ

アリーナの森

インフォメーションバー

1FL—PL-6,450

▼

▼

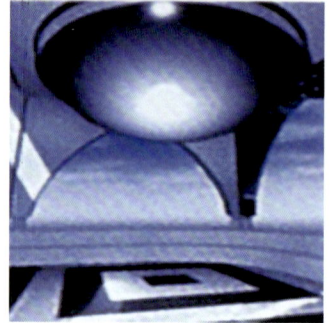

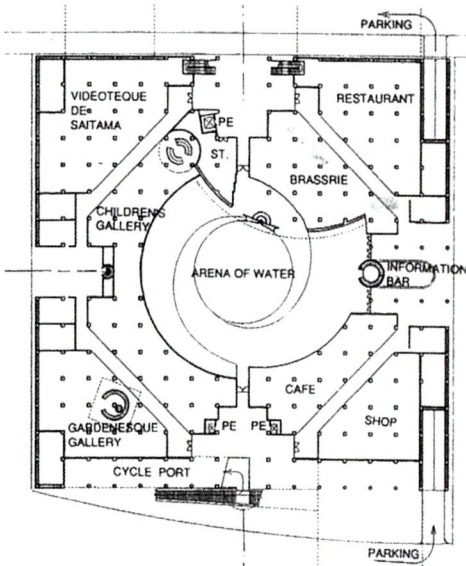

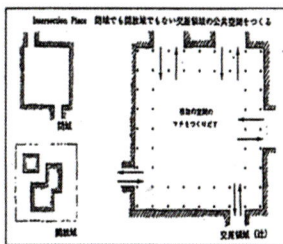

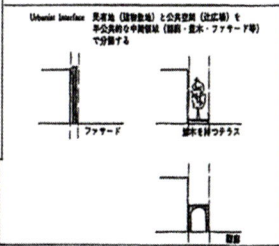

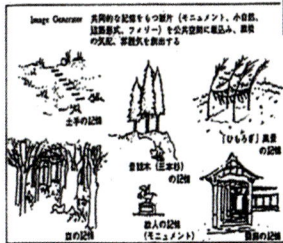

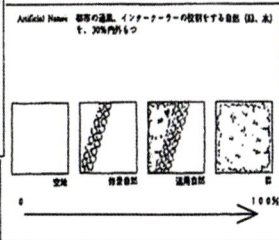

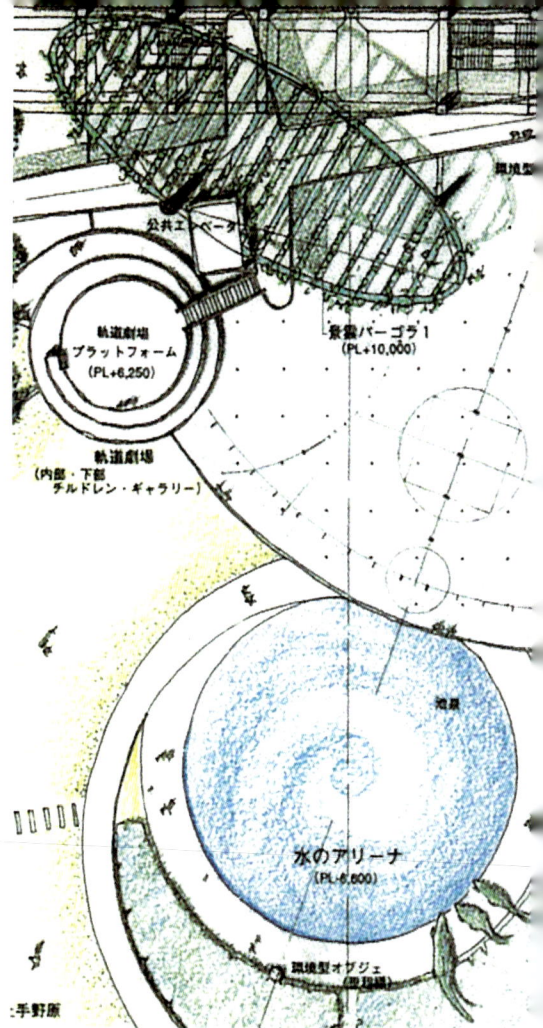

在新都心创造记忆剧场

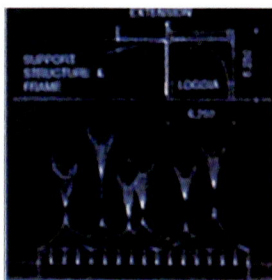

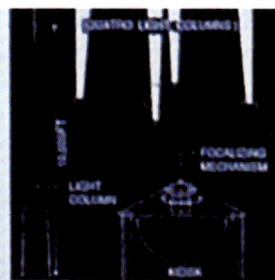

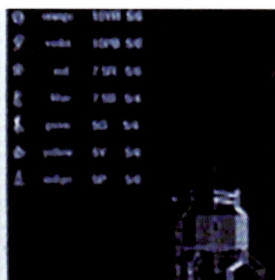

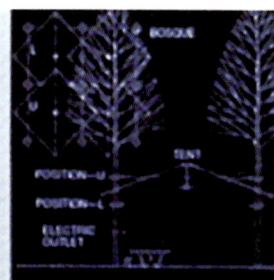

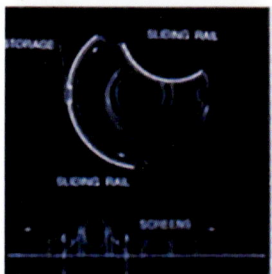

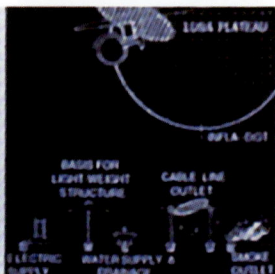

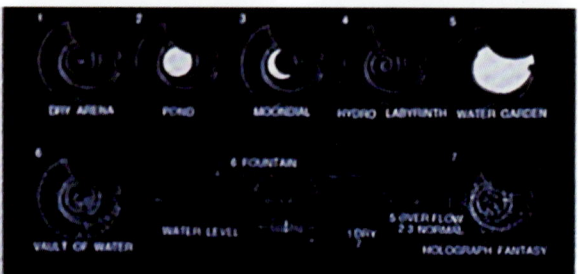

丰洲地区整体构想（东京）
Grand Vision for Toyosu Urban Area (Tokyo)

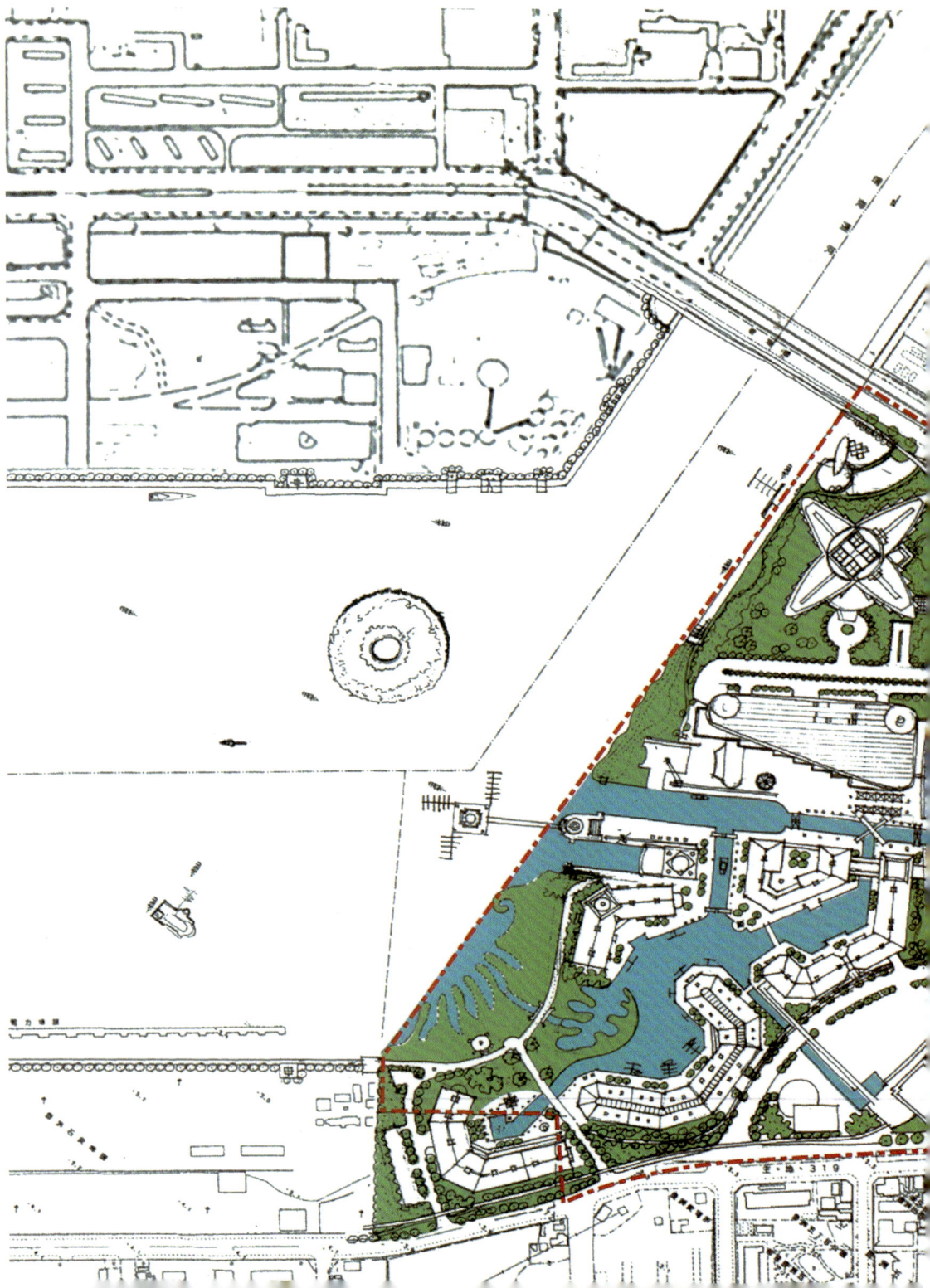

隅田川河口左岸的填海地，于 1950 年填造完成。对岸是晴海码头，南侧有木材贮存场。除了燃气、电力等基础设施企业外，还考虑将大学及中央市场搬迁至这一带。

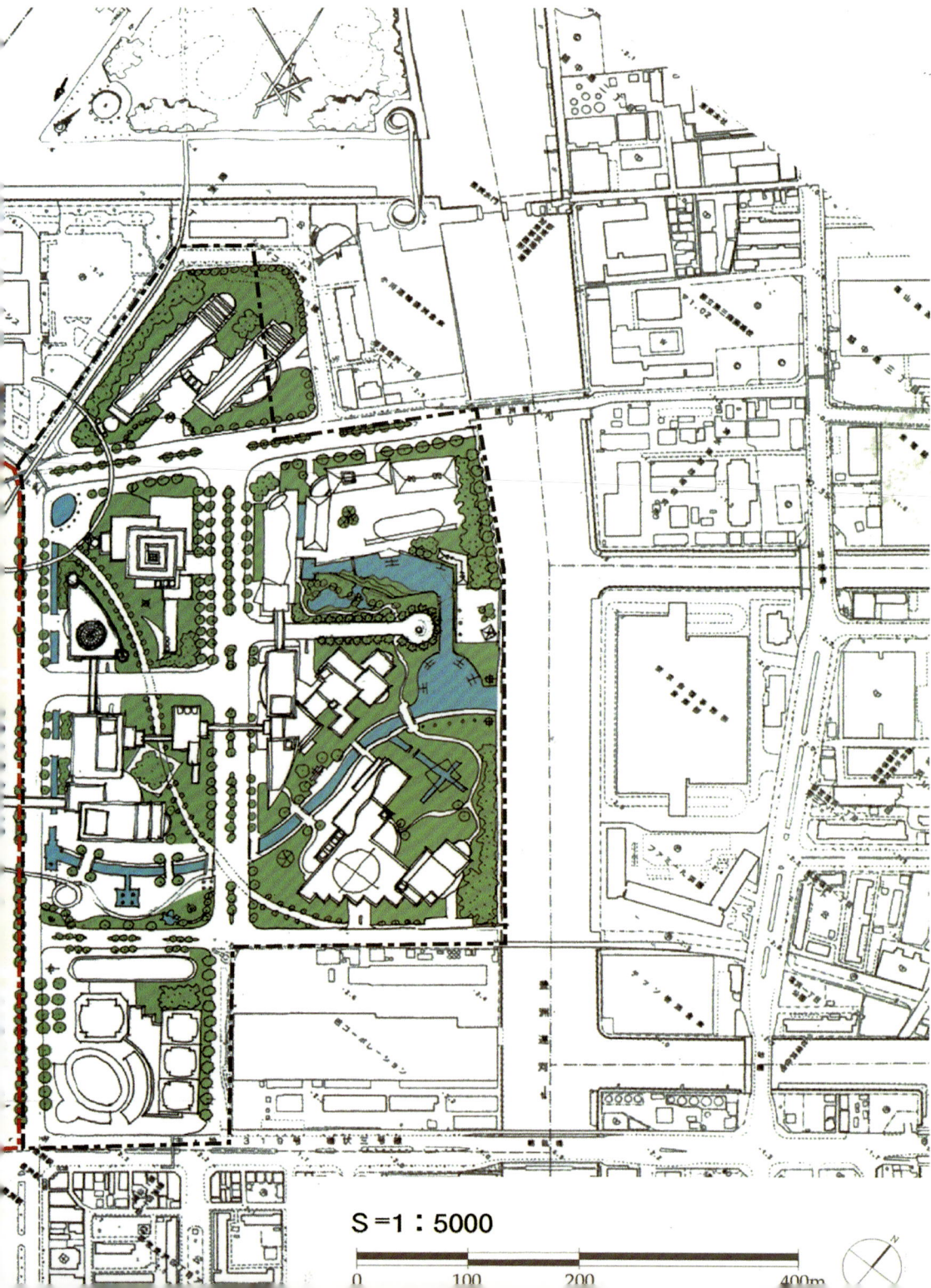

S =1：5000

0   100   200   400m

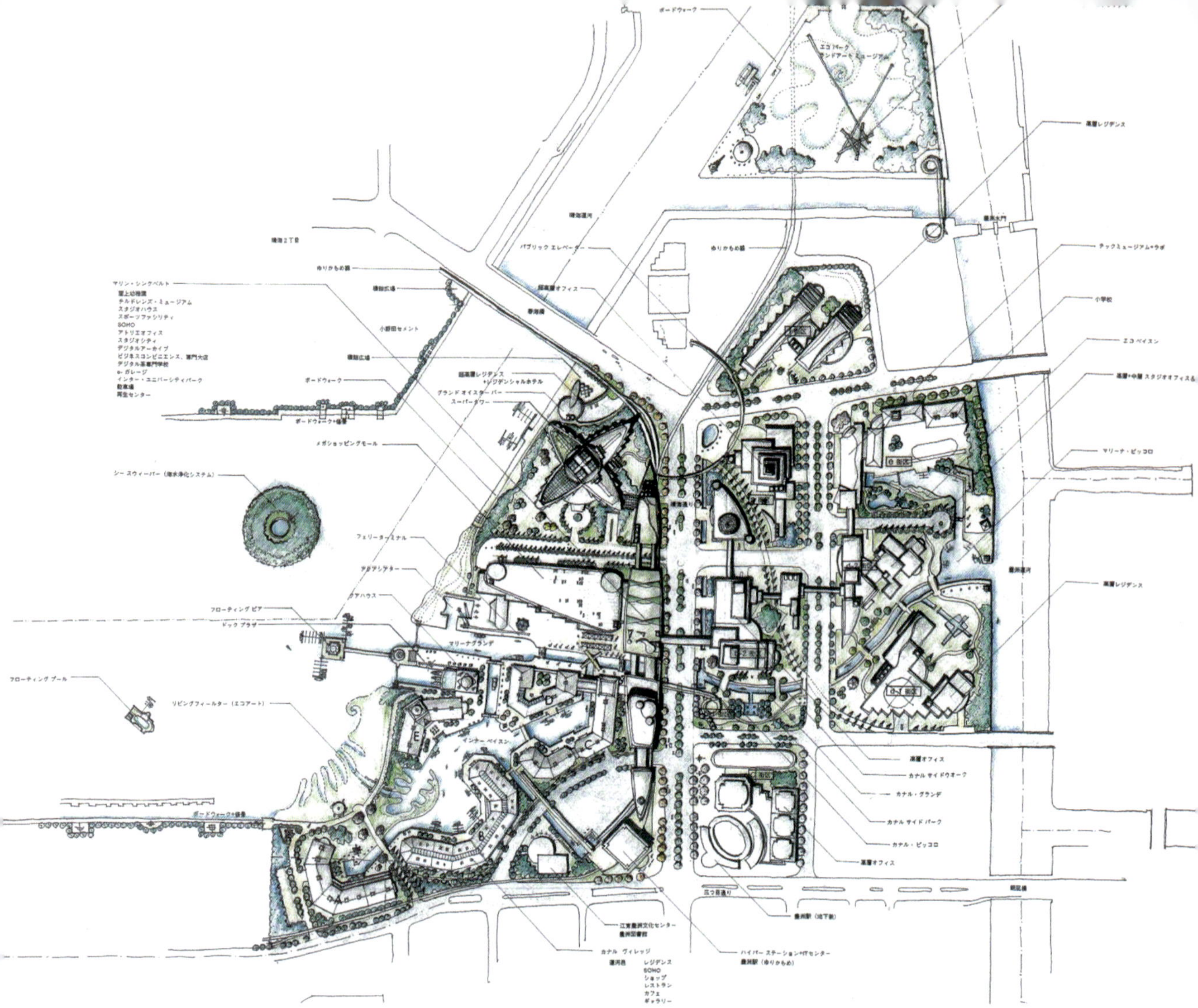

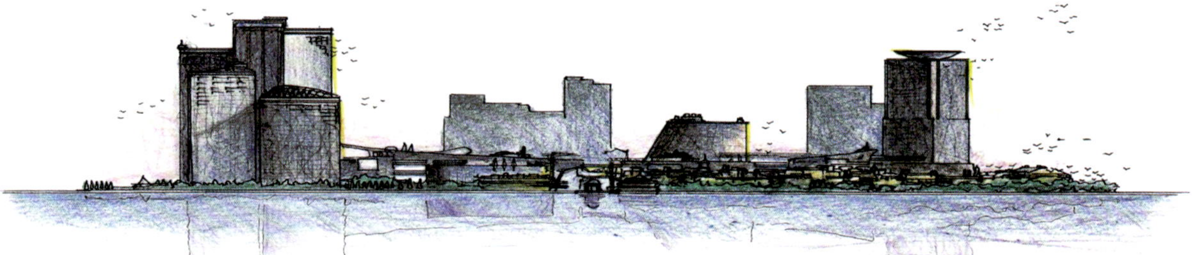

东京湾临海的丰洲地区构想。这里有造船厂和巨大的船坞，是一种带有天然质朴感的环境，设计目标是要利用原有的基础并创造出新型的城市环境。此外，这里还将发挥作为发生非常事态时的水上基地以及东京湾的净化基地的作用。

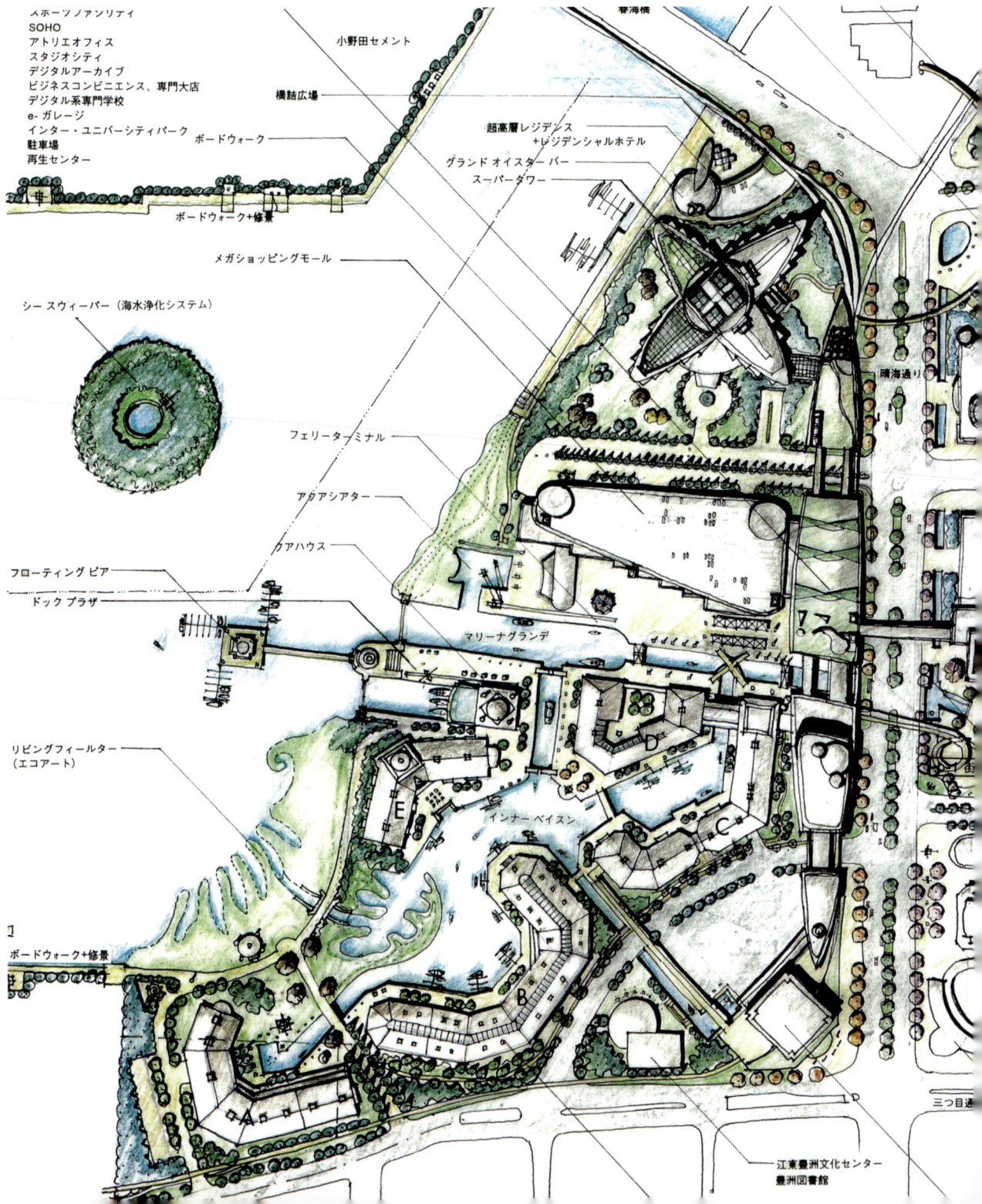

スポーツノアンリィアィ
SOHO
アトリエオフィス
スタジオシティ
デジタルアーカイブ
ビジネスコンビニエンス、専門大店
デジタル系専門学校
e- ガレージ
インター・ユニバーシティパーク
駐車場
再生センター

ボードウォーク

小野田セメント

橋詰広場

譽海橋

超高層レジデンス
+レジデンシャルホテル
グランド オイスター バー
スーパータワー

ボードウォーク+修景

メガショッピングモール

シー スウィーパー（海水浄化システム）

晴海通り

フェリーターミナル

アクアシアター

アハウス

フローティング ピア

ドック プラザ

マリーナグランデ

リビングフィールター
（エコアート）

インナー ベイスン

ボードウォーク+修景

江東豊洲文化センター
豊洲図書館

三つ目通

大叻郊外度假城构想
Plan for Resort City in the Suburb of Dalat

OBSERVATORY
GUEST HOUSE

COTTAGE

CASCADE

RESERVOIR

FARM

SPORTS GARDEN

HOUSING
(SETBACK TYPE)

RESERVOIR

HOUSING
(TOWER TYPE)
(VILLAGE TYPE)
(EARTHWORK TYPE)

CASCADE

RESERVOIR

PARKING & TERMINAL

GATE

LOCAL SC

078

ge Plan

CONDOMINIUM
(EARTHWORK TYPE)

COTTAGE

越南大叻市郊外是追求健康的人士的世外
桃源。此设计是一个完全利用了当地地势
资源的田园都市计划，中央山顶有贮水池，
周边建造了各种类型的主题公园。

RESERVOIR

FARM

AQUA BRIDGE

WATERWAY

HOTEL
SPA & THERAPY

VALLEY OF LOVE

EXERCISE GARDEN

DREAM HILLS

N

HOUSING
(EARTHWORK TYPE)

ONDOMINIUM
LLAGE TYPE)

二子玉川整体设计 2026（东京）
Grand Design 2026 of Futako-tamagawa (Tokyo)

文教

静嘉堂文库

六郷用水

文教

野川

文教

リサイクルセンター

スポーツパーク

リバーポート

リバーポートサイド SC

運河

水門

拡巾新 二子橋

东京西南部二子玉川地区 2026 年的未来展望图。除了更充分利用此地的绿色园林环境、历史资源及环境文化之外，CAT（译注：City Air Terminal，可以在机场以外完成登机手续的设施）和循环利用中心的建设以及再造河流文化的环境开发等都列入了规划范围，目的是要打造一个自给自足的卫星城市与好客型城市。多摩川作为该地区与东京的分界线，流经该地区南部，一直流向六乡、羽田。

081

志摩度假村住宅规划
Plan for Shima Resort Residential Zone

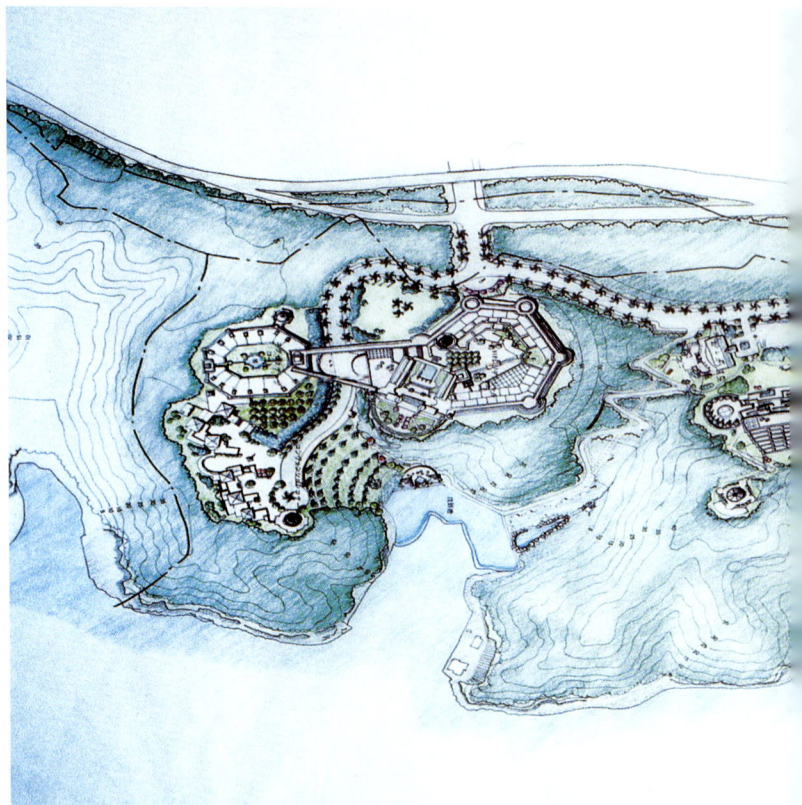

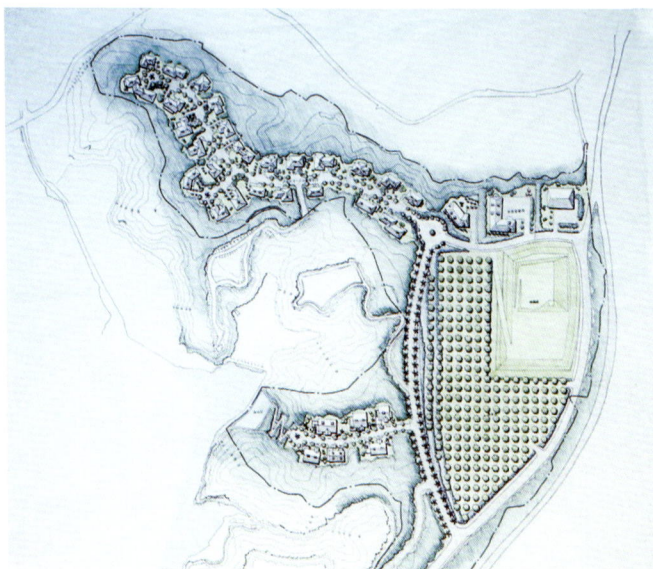

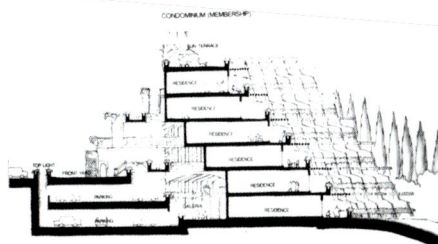

志摩是日本近畿地区屈指可数的观光胜地，其特点是拥有风光明媚且错综复杂的海湾与精致的风景。
紧邻志摩西班牙村的珍珠路一带的住宅可以多种形式入住，以满足人们长短各异的逗留时间。此规
划正是以上述住宅为主体的城市整体设计，是在最大限度利用景观资源基础上进行的对应小面积地
形开发的度假村。

街道设计
Street Design

赤坂、纪尾井町（东京）
Akasaka, Kioicho St. (Tokyo)

这里是东京都内知名的国际品牌街，街道直线部分长约 400 米，两侧大型酒店林立。将镶嵌在街边的公共空间及商业设施掩藏于低矮而数量丰富的绿树背后，形成了街道本身物理和视觉上的厚重感。

日本桥中央大街（东京）
Nihonbashi, Chuo St. (Tokyo)

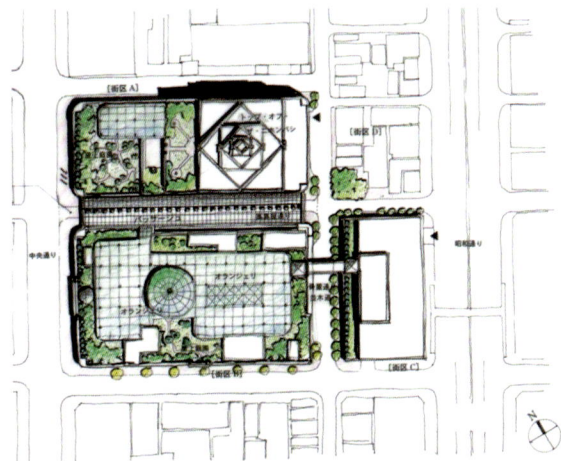

东京主要街道两侧的高层建筑必须退后一定距离，不能紧临道路而建。此设计要在百尺（约31米）高的地方建造一个都市空中庭园，串联起周边的高层建筑，创造一道新的城市风景。在中心区域之一的高岛屋百货店一带，修建与街道垂直的通道，以加强城市的纵深。对于架设着"日本桥"的日本桥川，将其上方的首都高速改入地下，再现河岸环境。

香港海运大厦改建构想
Renewal Vision for Ocean Terminal in Hong Kong

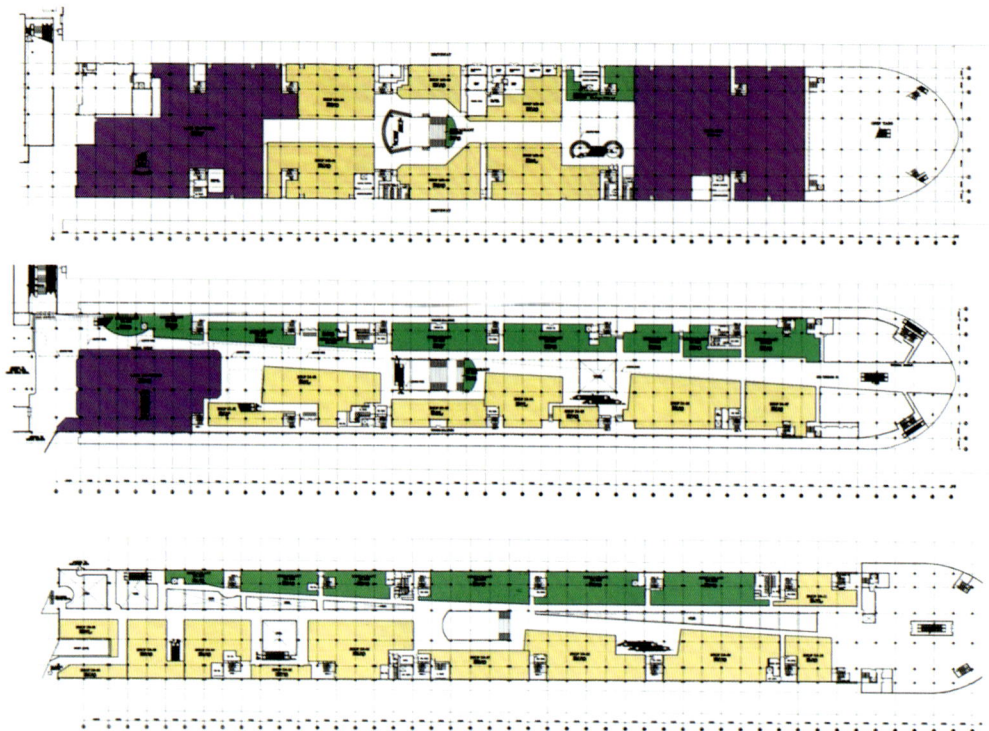

在客运港中开辟都市的通路
Incubate Urban Passage in Terminal

海运大厦不仅是船舶的国际出入口，也是一个狭长的大型购物中心。海关位于其突出的一端，其上方要新建娱乐设施。为带动狭长商业环境的发展而修建"都市的通路（大厅／柑橘温室／大峡谷互相连通）"，通过与娱乐设施的连接给人和环境带来活力。此外，设计还考虑到大厦夜景成为香港新的名胜所需的相关元素。

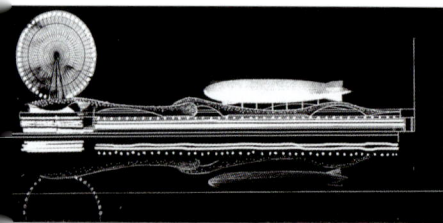

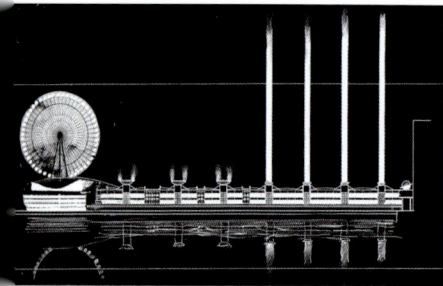

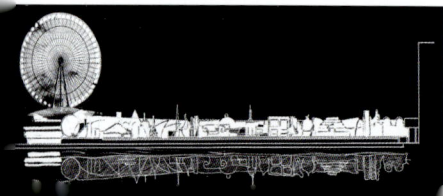

PRAYA DECK

GRAND HALL   ORANGERIE   GRAND CANYON

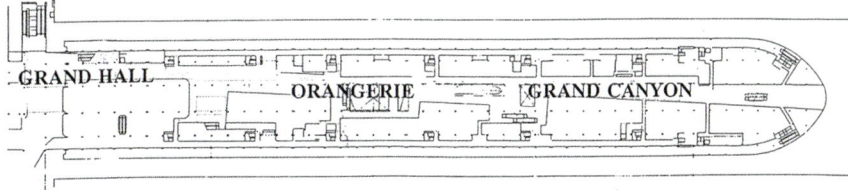

介于城市与设施之间的
中间领域性的微型城市
整体设计构想。

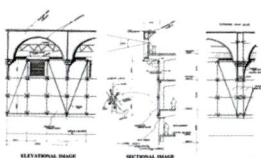

ELEVATIONAL IMAGE   SECTIONAL IMAGE

濒临破灭的城市
City on the Catastrophic Border

人们高呼"城市危机"由来已久。然而令人困惑的是，"城市危机"这一单纯词汇背后所隐藏的深意。我们在现实当中目睹了萨拉热窝的凋敝、纽约仿佛正在变成化石、东京和新加坡的慢性饱和……这些都不禁使人陡增了内心的不安。城市中到底是否存在危机？人们随后就会经历并感受到这种麻痹状态下所带来的诱惑。

上面提到"城市危机"背后藏有深意，但正是"城市"型"危机"这一专有名词（术语用法）的急剧变化本身，孕育了其深藏之意，这一点大概已是不争的事实。

比如，你现在对"城市"抱有怎样的印象？"城市"给人类带来了什么？"城市"究竟是什么？实际上，这些困扰我们的难题正在急速地增强我们对本质的清晰和混乱的认识。

不过，栖息于我们记忆中的"城市"概念的改变也相当惊人。人口稠密的古代帝都罗马、令人怀念的中世纪城市、具有魄力的近代城市、大都会、不断扩散和超出界限的网络城市，以及在各种映像和媒体上消长的虚构城市等等，把它们都罗列出来——除了以交通和交换为主要功能的物质的／非物质的场所之外，可以说"城市"的原貌经常被刷新。众所周知，战后50年，或者说20世纪50年代的信息革命之后，这种刷新，犹如与科技革新联手一般，正在急剧加快。

现在，城市仿佛在对人类说"请承受巴比伦之难（译注：大洪水之后，诺亚的后代开始在巴比伦建造通天塔。人类将自身神化的傲慢遭到上帝的憎恶，于是上帝来到人间，弄乱了人们一直以来共通的语言，使其感情无法交流，思想很难统一，而不得不中止造塔工程。——旧约圣经《创世纪》第11章）"——看起来只是将人类在综合且统一的体系中对话的不可能性呈

现出来。与此同时，要想描述"城市"，似乎也只能将其还原为部分与整个语境或者品位与意识形态后才能够说明。不过，整体并不受其部分单纯叠加的约束。

（重新）发现"整体城市"这一概念是在20世纪中叶的产业革命初期，并非是很久远的事情。地图绘制和俯瞰技术的迅猛发展、与农村的经济对立、通过旅游促成的国际性城市……都将"城市"本身相对化、对象化了，并诞生了城市整体设计这一规范领域。从这个意义上来讲，现代是第二个（重新）发现的时代。之所以这么说，是因为通过电子信息类的交流与技术渗透，产生了信息层面上的全球化、远程化，城市间价值创造对立的激化史无前例，另一方面，知觉上的现实与假想的对立及融合也形成了巨大的文化差异。上述正在被相对化、对象化的"整体城市"，将化作漂浮于交际网络大海中的时间空间复合体，即古典的城市形象本身。如此想来，即便与假设的虚像有联系，"城市"的实像仍是深藏不露的，对此一概而论的区域，则会被城市不断推向危险境地。

关于"危机"大概也可以从类似的角度进行指摘。过去奥斯曼的巴黎改造虽然使往昔的近代之前的社区和文化环境陷入危机，但却成就了新的城市构造，孕育出充满生产力的近代城市及近代文化。这种行为被称作"文化的破坏"或"破坏的文化"。构造变革通常与危机相伴；但同时，也诞生新的创造。自从旧约圣经向新约转变以及哥白尼将地心说逆转为日心说以来，我们也愈发变得与自身所处的文化体系的基本认识更加接近。

对于"危机"的认识，也是存在不同派系的。而其实质与内容会随着社会的改变而时刻变化。

如果把城市看做永恒的破坏与创造（抑或再创造）的现场，那么"危机"则如影随形，挥之不去。当然，对危机的管理也因"城市"所依照的体系不同而情况各异。

前面提到了城市的主要功能是交通与交换，事实上，萦绕多数"城市"的"危机"爆发的动机均为交通事故（并非汽车事故，更接近于交流沟通事故）和交换事故。而交通和交换又是以广义上的经济为原则的。

近代以前的大部分城市都是军事城市，拥有规模宏大的建筑。得到军事经济的支持后，描述构成城市的诸要素时，均在建筑这一具有规范领域的语言体系（如窗、塔、走廊、广场、楼梯等）当中进行。所谓"军事城市的危机"，是指物理破坏及城市内部的过度集中饱和。而对此采取的管理，也无非是扩建、增加面积和修复，或是改作他用等一些极其建筑性的对策。

然而，一旦进入近代城市，城市便放

弃了军事城市的完整性，转而开始采用开放的、能够提高生产力的形态。运河、道路及铁轨等基础设施从全局上规划了城市结构，扩张无法止步。这样的城市以经济资本为后盾，城市自身成为所有意义上的生产母体。人们将城市看做反复进行自我生产的生命体、有机体或是巨大的机械。当然，描述构成城市的诸要素时，均在生物学乃至机械学等规范领域的语言体系中进行。其间存在的危机是"病理"与"故障"，需施行手术和更换零部件等管理措施。

我们生存的现代城市构建于上述近代城市的基础之上，随着信息技术与沟通技术的开发，实现了多层次的复合。支撑现代城市的或许是信息经济和沟通经济。而不断对经济产生影响的，是能够使物质意义与知觉意义，甚至世界意义都发生变革的科学技术。我们已不再拥有可以准确定义城市的语言体系，自然也就无法预测城市的危机。

然而另一方面，如果采用粗暴的假设，也许我们可以说，城市本身早已进入了构成复杂体系的领域。对此，城市的现状最具说服力。在复杂体系的规范领域中，非线性的运动恒常存在，无秩序与自我组织化、细节的自律性和无法预测的悲惨结局在变革的高潮中喘息。其间不存在预定调和。与气象现象、股市以及媒体等其他复杂体系一样，预测行为完全被忽视。细微的变化也能够引发千里之外的巨变。对城市而言，危机不是外来的，而是由城市内部微不足道的事件及沟通不畅暴露出来的。可以说危机正不断内在化，或者更确切地说，城市本身也不过是在濒临破灭的边缘上活动。如此思考将为我们提供一些有效的视点。

第一，关于建筑与城市的关联性。建筑肩负城市的一部分，这种幸福的、人文主义的相似性即使在现代，尽管在意大利的建筑类型学和历史主义的设施类型论中具有一定的效力，也不得不说它基本上已经丧失了。建筑无论怎么说都是一个坚固的系统。而城市属于复杂体系。把城市镶嵌于建筑中，建筑内含城市的性格，这样的理论只是出于欲望——想要在建筑中编入复杂体系所拥有的丰富多彩（之表象）——而获得了动机而已。的确，随着自身的巨大化，建筑有时或许会带有城市的性格。然而，建筑的巨大化与建筑的城市化，在我看来，原本毫无关系。巨大化所带来的高度复合性，是由系统重合引起的复杂性，并不是一个原本的复杂体系问题。在复杂体系的规范领域当中，系统的单纯叠加产生的生产力（在这里也可以换说成魅力）并非第一要义。倒不如说，将城市植入建筑当中——如果当真能够实现

的话——只会使建筑这一体系解体甚至消失。建筑绝不会成为城市的微缩模型。系统的重合造就了丰富的环境，此概念确实适用于近代城市。但是，作为复杂体系成立起来的现代城市，正不断远离笛卡尔时代以来由还原主义、分析和综合所构成的整体形象本身。

第二，可以使围绕城市产生的空间与时间的线性因果关系更加虚无化。所有人都已经认识到，实时技术和遥控技术正逐渐将连续的时间空间概念进行解体。这也暗示我们，城市是交通和交换的场所，是交叉路口，那里可以同时产生人为的对时间和空间的控制与互换。以独创的速度论著称的法国城市规划家、军事作家保罗·维利里奥曾说："速度是从城市，即从运动的支配中诞生的。城市自诞生之日起，就是一台变速器。"

城市的空间、城市的时间以拓扑学方式被组合在一起，突然地、断续地发生变化。这是由于不稳定的过剩而渐渐显露出来的，并非将昔日近代城市鼓吹的动态稳定进行呈现的实体。如果我们在现代城市找到了稳定性和平衡，只能说明我们要么被一叶障目，要么对不稳定已经麻痹。从上述意义来看，城市是丰富的时间空间的连续复合体——这种帕特里克·格迪斯式的构想，有如近代城市的奥林匹亚，对现代城市来说不过是提供怀旧的乌托邦素材罢了。

空间和时间的人工化，扩大了假想的空间和时间的价值。谁都能够察觉到，真品与现实的价值开始受到污染，危机即将到来。维利里奥将其称为由于拥有了电子的透视图而产生的"速度污染"。倘若是复杂体系为了刷新自我而主动招致灾难的结局，那么这种污染可以说是潜伏于现代城市命运中的"具有魅力的危机"或者是"危机式的魅力"。

城市的危机是演变为经济危机，还是演变为集中了我们赖以生存的记忆的文化危机？会造成人类的生活环境危机吗？甚至会引发人类的危机这一本质部分吗？目前尚难下定论。

同时，社会价值也在介入城市。以东京为例，自江户时代的大火开始，这座城市屡次遭到维新、地震、战乱及外界灾难的破坏，随后又迎来新的复兴；但是，如果将后来的快速发展、国际化、信息化视为作用于城市内部的软性灾难，恐怕就必须铺陈一些大环境了。在到达某个临界点之前，经济的发展和城市的发展是共同作用的，而之后，一旦把城市当作文化的载体，二者就会互相竞争。无论国际化或信息化均是如此。在这个意义上，日本战后50年的危机除了经济不景气和恐怖主义之外，几乎都在进行着看不见的深耕。

前面提到过在复杂体系中细微的变化之后将引起巨变，其实在现代社会，比如北京和伦敦发生的事情会给日本的城市造成很大影响，类似的情况已成为一种日常状态。如果网络化继续延伸，这种危机只会扩大而不会缩减。因此不得不说我们正被迫经营着极其危险的城市生活。

如世间常理一般不必多讲，能够发现危机的唯有批评的感性，这一事实仍将被保留下去。

现代城市早已栖息于超人化的地平面和人文主义终结后的世界。我们无法预测破灭点将在何时何处显现。能够在这样的城市中生存下去的方法是提供新的城市文明模式，这已经成了时代的课题。

Locus Solus 的城市

激发想象力的交通平台
（拼贴图）

PLATEAU
OF
FABRIQUES
CROSSMATING IMAGINATIONS
（Collage）

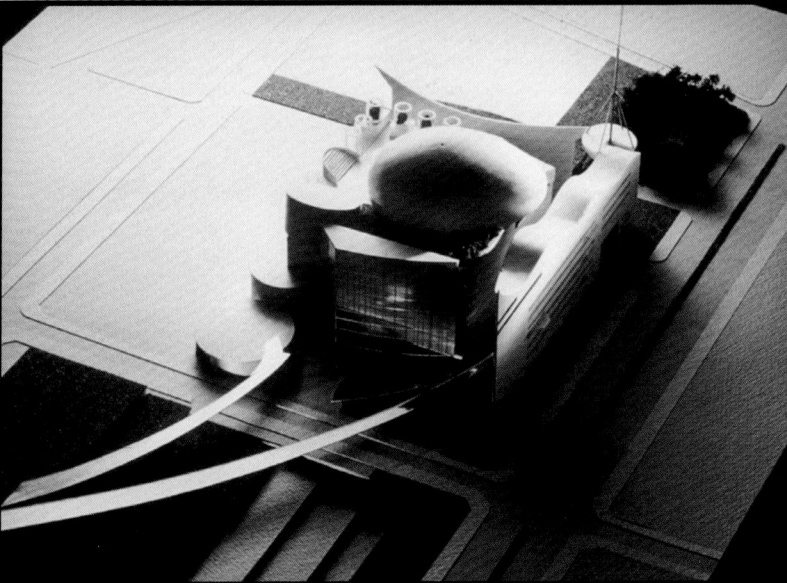

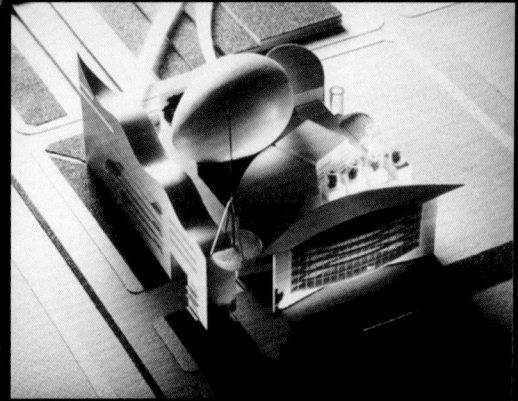
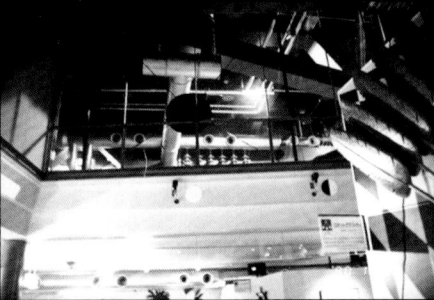

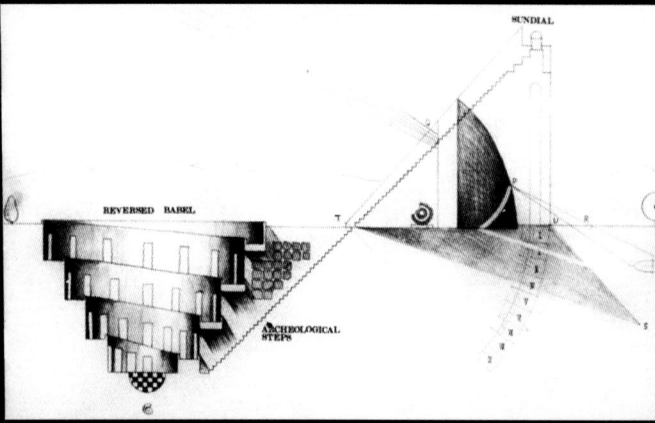

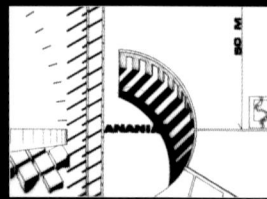

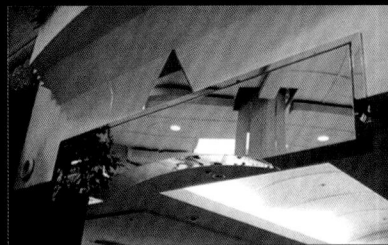

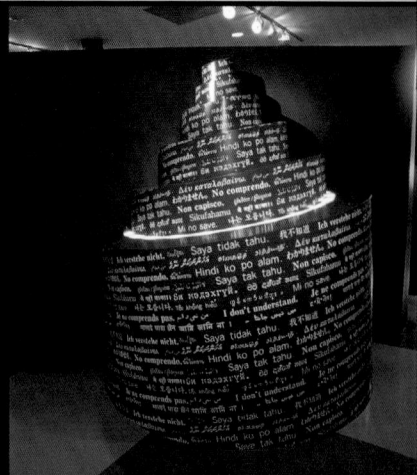

世博会
EXPO

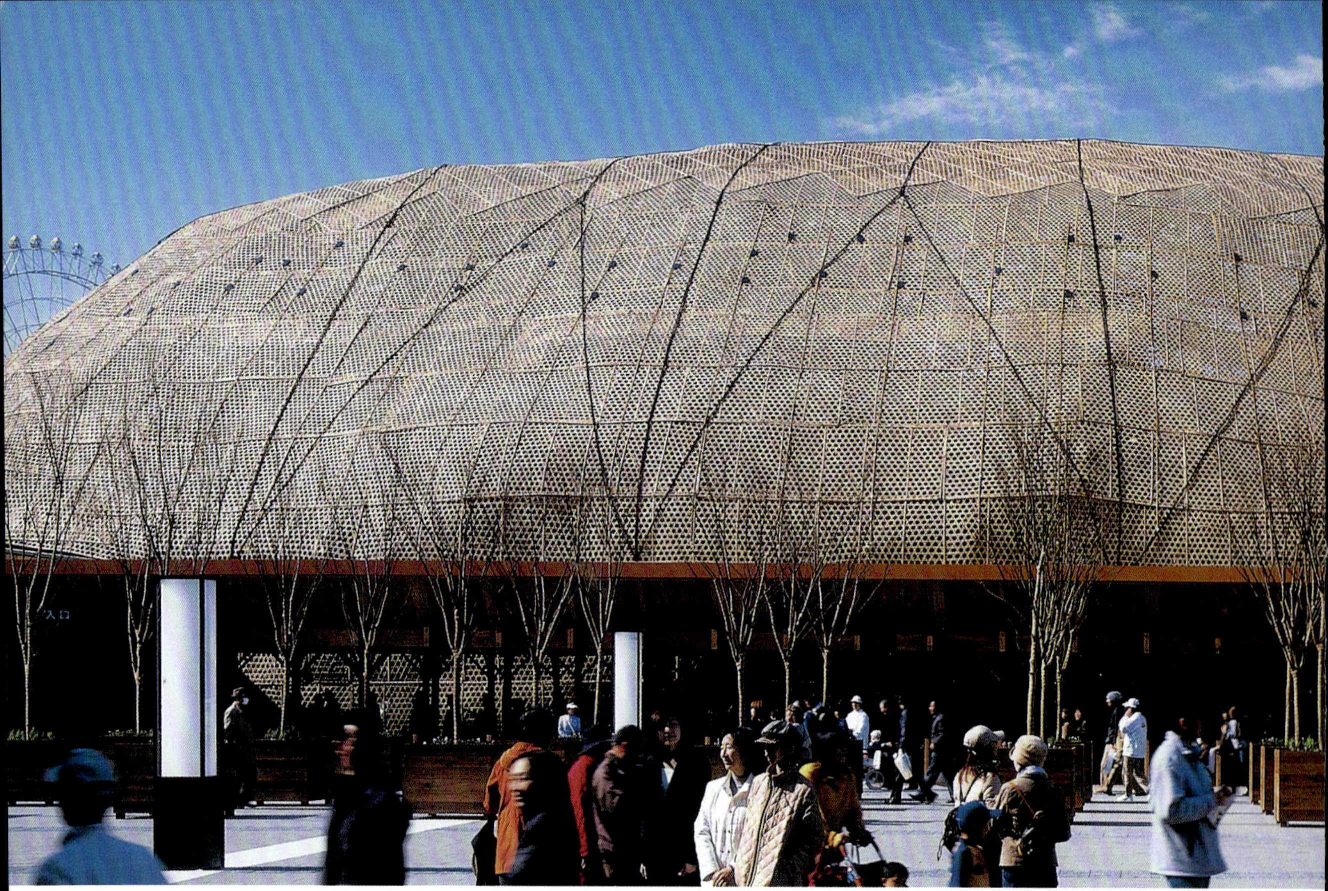

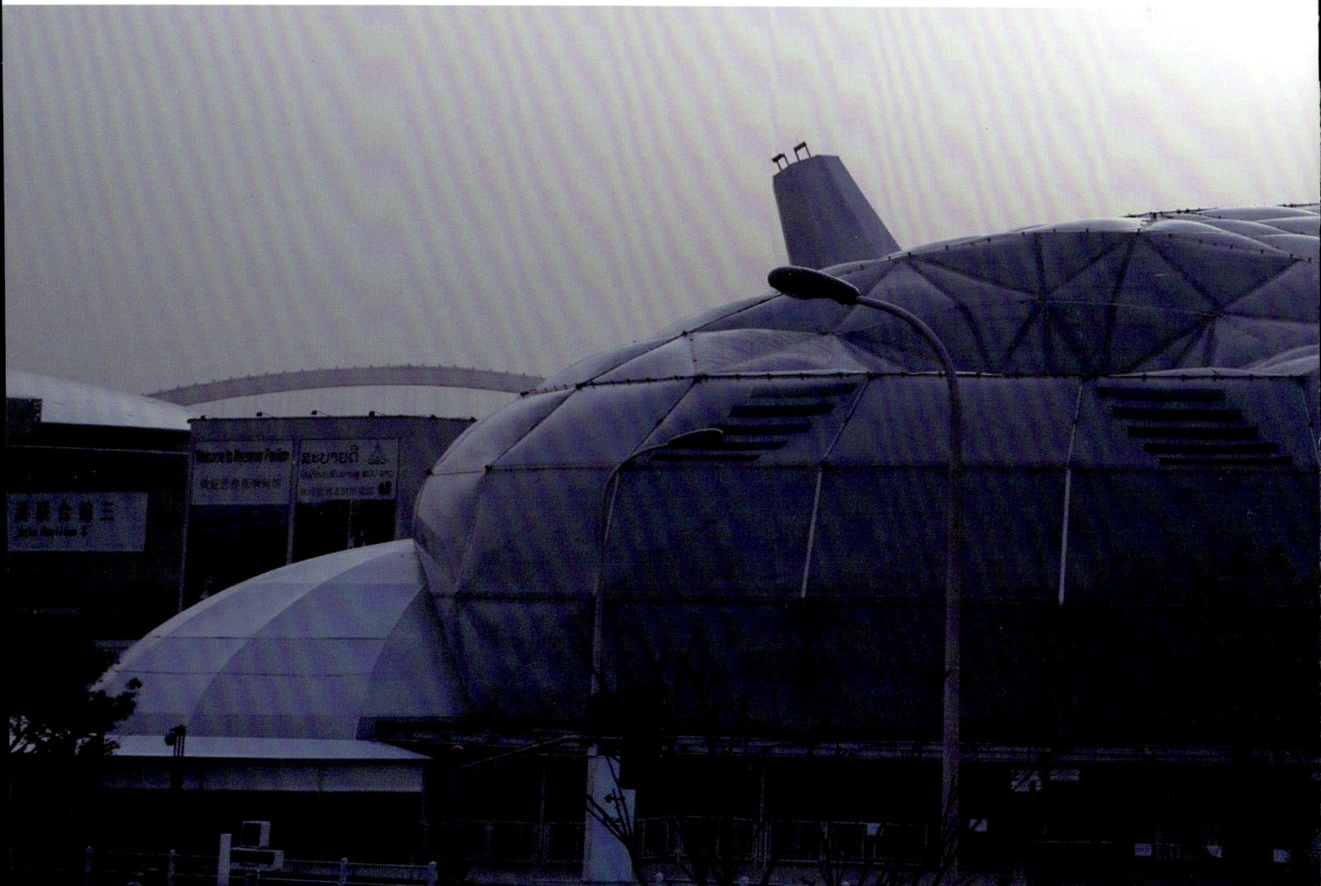

2005 爱知世博会 日本馆
EXPO 2005 (Aichi) Japan Pavilion

2005 爱知世博会是 21 世纪首个 BIE（国际展览局）注册类博览会，以地球环境为主题举办。会场分为主会场（青少年公园，约 154 公顷）与分会场（濑户，约 15 公顷）。

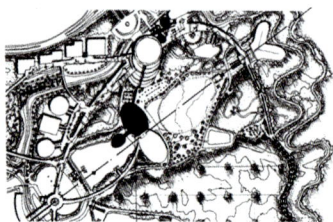

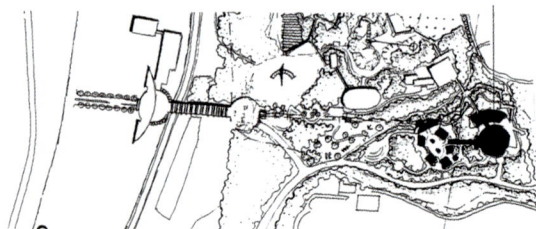

作为会场替代计划和加强会场效果用的悬浮圆形广场及预计永久保留的濑户政府馆的构想。悬浮圆形广场由飞艇吊起，为可动式，其底部呈现映像与立体全息图。世博会结束后计划将其用于灾区夜间作业的临时屋顶。

在长久手、濑户两地区各建有一座日本馆，前者的内容为科技，后者以"环境"为媒介，展示更贴近艺术。主题为"重新连接，人与自然"。

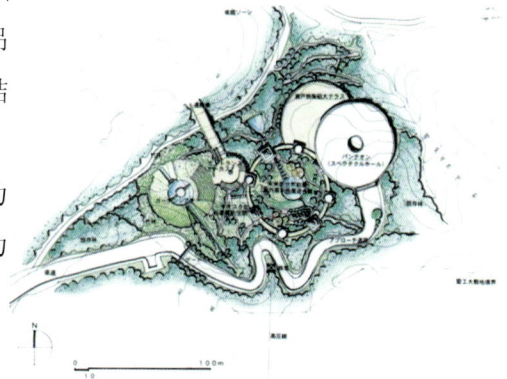

两馆的融合理念

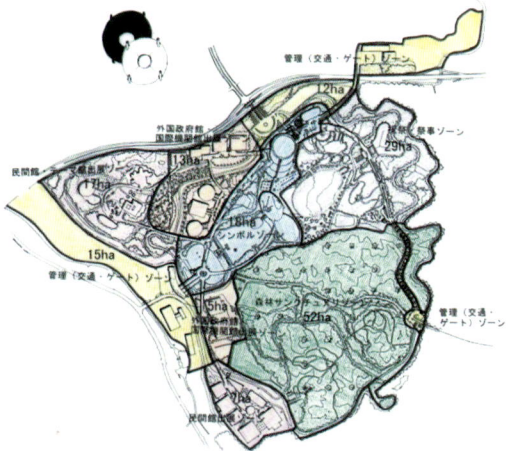

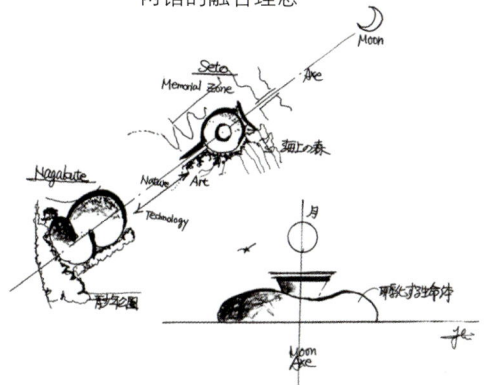

长久手日本馆
Japan Pavilion Nagakute

竹笼般的场馆内部

墙面绿化采用小熊矮竹

VIP 室外的走廊

束状支柱的顶端

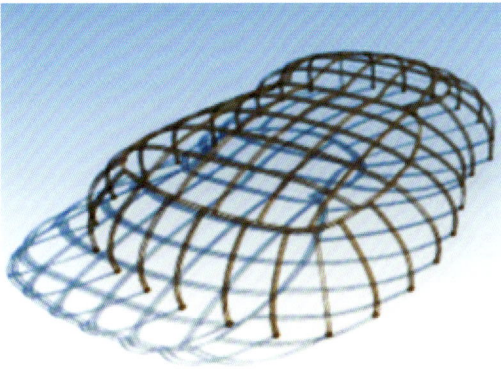

竹笼的搭建步骤

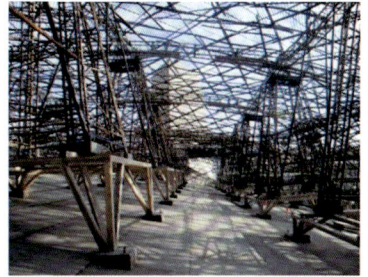

长久手日本馆占地约 6000 平方米,全部采用生物材质建造,工作电源是由(太阳能、燃料电池)能源提供。外壳的茧状"竹笼"为两层膜的节能结构,能够降低日照率,其原料约 45000 棵竹子是从竹害严重的地区运来的。

内部展示空间

濑户日本馆
Japan Pavilion Seto

濑户日本馆占地约3000平方米。是建在倾斜地面上的四层圆形建筑，内部设有圆形剧场。外墙全部采用落叶松木，被认定为准耐火材料。其甜甜圈形状的外观暗喻大地的呼吸孔。

檐顶采用自动对应型调光玻璃

VIP 室

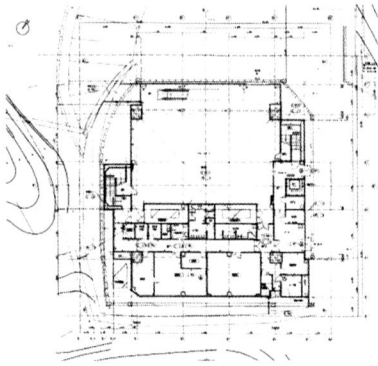

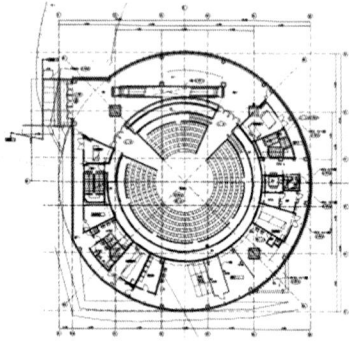

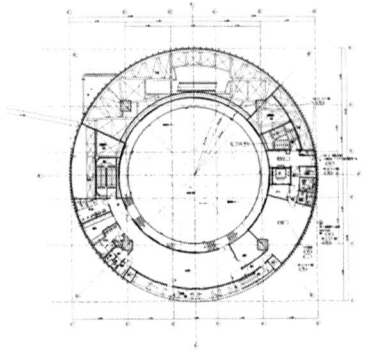

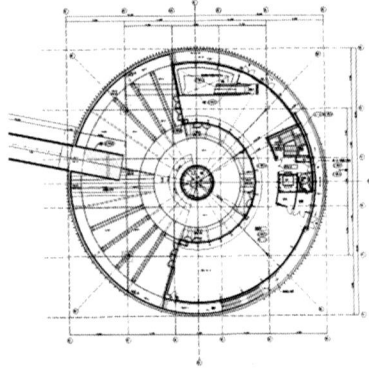

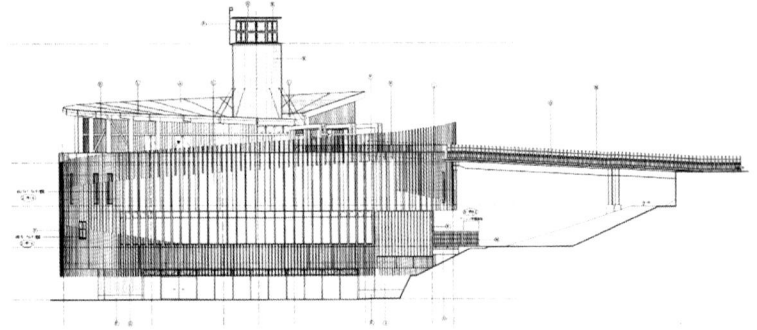

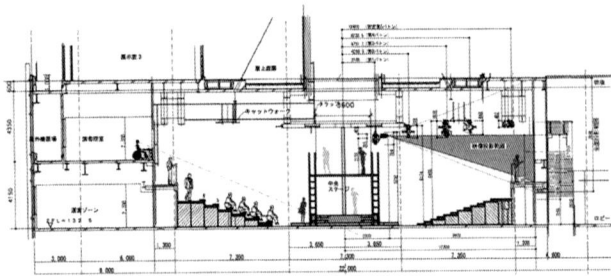

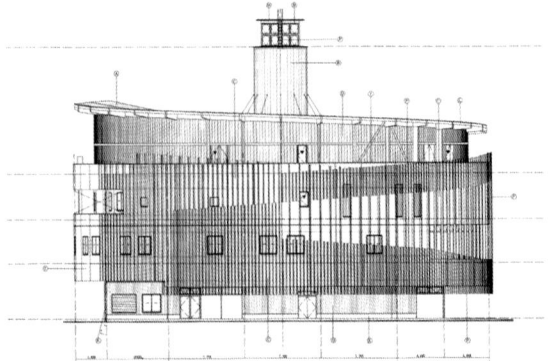

圆形剧场断面

瀬戸日本館の環境配慮技術

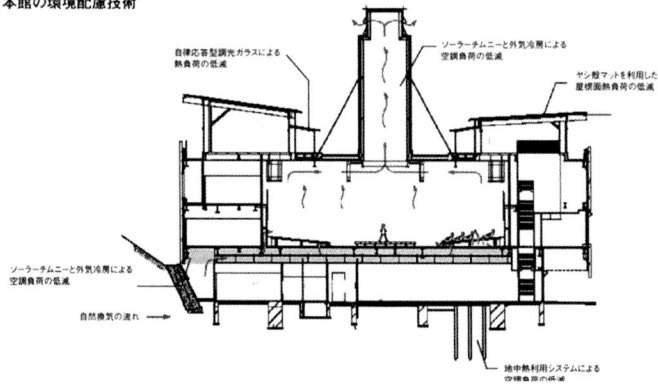

自律応答型調光ガラスによる
熱負荷の低減

ソーラーチムニーと外気冷房による
空調負荷の低減

ヤシ殻マットを利用した
屋根面熱負荷の低減

ソーラーチムニーと外気冷房による
空調負荷の低減

自然換気の流れ →

地中熱利用システムによる
空調負荷の低減

内部展示空间

圆形剧场

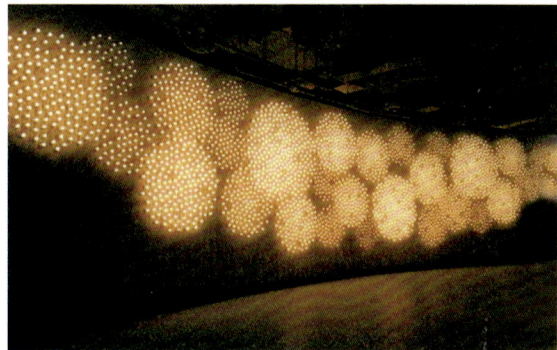

屋顶太阳能烟囱周围的展示

日本馆的环境关怀技术
Eco-friendly Trial of Japan Pavilion

長久手日本館 Japan Pavilion Nagakute — Nature's Wisdom

壁面緑化/Wall-greening
東邦レオ㈱/TOHO-LEO CO.
03-5907-5900
http://www.toho-leo.co.jp/

バイオマスプラスチック/Biomass plastic
フクビ化学工業㈱/FUKUVI CHEMICAL INDUSTRY CO.,LTD.
0776-38-8080
http://www.fukuvi.co.jp/

ボックス梁/Box beams
㈱コミヤマ工業/KOMIYAMA CORPORATION
03-3350-8516
http://www.komiyama.co.jp

竹コネクター/Bamboo connectors
㈱ホームコネクター/HOMECONNECTOR CO.
097-558-9438
http://www.homeconnector.co.jp

竹ケージ/Bamboo cage
㈱イーディエス研究所/EDS Laboratory
027-288-7211

積成材の柱/Laminated pillars
㈱コミヤマ工業/KOMIYAMA CORPORATION
03-3350-8516
http://www.komiyama.co.jp

束ね柱/Bundled pillars
㈱コミヤマ工業/KOMIYAMA CORPORATION
03-3350-8516
http://www.komiyama.co.jp

光触媒鋼板屋根/Photo-catalytic plate steel roofing
JFE建材㈱/JFE Metal Products & Engineering Inc.
043-262-4116
http://www.jfe-kenzai.co.jp/

竹繊維の吸音・断熱材/Bamboo fiber sound-absorbing and insulating materials
㈱フードテックス/Food Techs CO.,LTD.
03-6821-2354
http://www.take-x.co.jp

土に還るレンガ/Bricks that return to the soil
㈱榊原製陶所/SAKAKIBARA BRICK CO.,LTD.
0563-59-6548

竹の瓦屋根/Bamboo tile roof
㈱タカショー/Takasho Co.,Ltd.
073-487-0165
http://takasho.jp

両日本館
Japan Pavilions

ICタグ/IC Tags
日本ユニシス㈱/Nihon Unisys, Ltd.
03-5546-0461
http://www.unisys.co.jp/

瀬戸日本館 Japan Pavilion Seto — Nature's Wisdom

外壁木質パネル/Exterior wall wooden panels
秋田グルーラム㈱/AKITA GLULAM Co.,Ltd.
018-48-5100
http://www.akita-glulam.com

屋根緑化/Roof-greening
三晃金属工業㈱/Sanko Metal Industrial Co.,Ltd.
03-5446-5809
http://www.sankometal.co.jp

自律応答型調光ガラス/Microquake ceramic glass
アフィニティー㈱/Affinity Co.,Ltd.
03-5380-0811
http://www.affy.jp/index.html

ソーラーチムニー/Solar chimney 自然換気システム
立山アルミニウム工業㈱/TATEYAMA ALUMINIUM INDUSTRY Co.,Ltd.
052-788-3484
http://www.tateyama.co.jp

日本馆、环境以及世博会
Japan Pavilion, Environment and EXPO

引 子

在具体介绍日本馆中采用的多种技术之前，我想首先明确以下两个主要内容：创作日本馆时的基本思想和世界博览会的交流形态。

技术文明与世博会

1851 年世博会在伦敦首次举办。

实际上在此之前，贵族们已经举办过所谓的农业博览会，常设的药圃等也被列入其中。特别是在法国召开的一些博览会，已具有拉动国内产业发展方面的意义。伦敦世博会作为现代博览会的原形，也是产业资本家们以技术为核心，一手将此类收集信息式的商品展示会制度化的产物。

众所周知，这是一个产业革命的产物开始成为社会力量的时代。说得再深一点，世博会就是以当代技术革命、技术革新的成果为媒介的国际性文化贸易。从世博会的历史中很容易看出，预制房屋技术、电梯、摩天轮、钢铁骨架结构（代表性建筑有埃菲尔铁塔）等技术（以及技术商品）的神

圣化，正是兴起于世博会这一空间，其所开拓的未来社会蓝图得到了广泛传播。

与此同时，世博会超越了单纯的商品展销会和各国物产展的范畴，从最初就开始引入艺术问题，并且从纯粹的美术扩展到美术与技术的融合体，内容广泛。其中著名的有 1925 年的艺术装饰与工业展及 37 年巴黎世博会上的"格尔尼卡"（译注：著名艺术家毕加索接受西班牙共和国的委托，为该届世博会西班牙馆创作的装饰油画，画中表现的是 1937 年纳粹德国空军疯狂轰炸西班牙小城格尔尼卡的暴行）等，艺术本身拥有了社会性的力量而受到极力宣传也是发生在世博会上。

这些技术（或科技）与艺术,150 余年来，作为世博会的基调，无疑成为了它的基本要素和基础概念。在此之上，又被赋予了各种主题。此外，技术和艺术的一体化与拉丁语的"ars（艺术）"、希腊语的"techné（技术）"的创造原理相对应（译注："art"一词源自希腊语的"techné"及"techné"的拉丁译语"ars"等，原指"人工的"，本应译作"技术"更为恰当。现代所说的艺术，

是为了区别于单纯的技术而从中逐渐衍生出来的），也表现出了文明史上人类不断向前发展的主张本身。

本文篇幅有限，不能详述世博会的历史，但我只想指出一点：随着时代的变迁，世博会本身的诉求内容及社会意义也在不断改变。在某种意义上，有许多与技术革命、技术革新的发展平行的部分。

随便说几句，19世纪后半叶，产业革命压倒性地成为世博会的动力，到了20世纪前半叶，其动力则是当时兴起的动力革命（电力的社会应用显著增加）和运输革命（汽车和飞机，加上19世纪的铁道，开辟了全新的移动性）。此时也恰逢世界民族主义甚嚣尘上的时期，人们从19世纪对技术的礼赞，转而致力于表现国家，可以说事态已经发展到由展品代为进行的国家间的战争。

20世纪后半叶，日本首次举办大阪世博会，说起来，信息革命就发生在那个时候。随着传媒的普及和电脑的社会应用，信息革命显得独具特色，当时的世博会也由于企业商品的参展而色彩纷呈。尤其是音响与影像方面的交流，在这一时期获得了多元发展。

与奥运会相似（现代奥林匹克初期曾是世博会当中的一项活动，因此成为人们的话题），世博会本身也是主办方（主办国）彰显国力的舞台，这一点与当初并无二致。只是其作用逐渐从纯粹的文化贸易转为拉动经济的工具，这种倾向（即"市场社会中的一项事业"的色彩）不断加强。如果进一步指出的话，过去的世博会与当今世博会的基本的交流环境、媒体环境都发生了巨大的变化。的确，世博会的形式在现代仍被大量复制，但世博会本身强烈要求成为极富场所性、空间性的非批量生产的媒体。从这种意义上说，世博会是最高级别的空间媒体型盛典。

地球环境时代的世博会

那么，21世纪的首次世博会"爱·地球博"有着怎样的历史性定位呢？简单明了地说，它是地球环境时代的世博会，稍微隐晦些讲，可以说它的动机是由环境革命诱发的。

环境革命是我自己造出来的一个词，所以我想在此简单地加以说明。

它有两个层面，一个是认识领域，另一个是社会实践领域。

前者让人想到的是，我们开始带着社会性的眼光将"环境"本身作为课题看待，也就是说"环境"本身已经出现了问题。

环境这一概念的存在与"环境"成为人类分析的课题，二者本质不同。实际上

20 世纪后半叶就出现了这种预兆，其中具有代表性的是阿波罗 10 号拍摄到的地球实景。此前只有在想象领域或者模拟领域才能完成的地球全景，现在可以看到真实的照片，这使我们通过切身感受认识到地球只是一个很小的共同体。

除此之外还有污染引发的环境问题。它所提出的危机重重的生存课题并非全球规模的，而是生活圈、社会圈范围的，经济和环境竞争的事态在世界各地均有发生。

同时，与环境污染并发的是人体污染问题。从卫生学的观点来看，外界环境与人体环境之间极具交互性，近代城市规划当初是作为公众卫生改善措施而得以成立的，由此也可以很容易领悟以上观点。

自 20 世纪末起，随着移植技术、生命科学、基因工程的飞速发展，对于上述人体问题我们产生了以下认识：人类自身就是自然的环境体、是微观自然有机汇聚起来的一个环境。

换言之，通过划分地球、社会、人体三者间层级的这个标尺，人类意识到环境具有某种有机的整体性，可以说我们正生活在这种意识所依附的基本思想受到质疑的时代。以上三者同时有着不可分割的联系，这样的认识也是人类史上首次在诸多文明国家得到认同。

另一方面，对于后者的社会实践，首先要说的就是不断飞跃性开发出替代化石燃料的能源。

人口爆炸必将导致人类活动的混乱程度扩大，有限的地球资源难以满足需求。更确切地说，为了维持地球生态系统可容许的动态平衡（人类只能生存于其中）不受破坏，必须创造出地球资源以外的资源。所谓的新能源虽然包含许多未知的部分，却也是一个实践的突破口，为我们揭示人类生存下去的可能性。当然在此过程中不可避免地要发生一些转变，包括生活方式、价值观、经济形态等，就像哥白尼逆转天文学说一样。

此外，从前所说的"环境关怀"概念逐渐社会化，它的实现刺激了生产，提高了商品竞争力，这样的情况多有发生。经济和环境之间不再竞争，转而开始缔结一种互补共生的关系，这是 20 世纪未曾显现的事态。

本次爱·地球博是 21 世纪的首次世博会，它的举办将为这个时代拉开序幕。

日本馆的实验

日本馆作为爱·地球博的东道主国场馆，同时承担主题馆的一部分，馆内当然会或明或暗地蕴含着上述的问题意识。

说到主题馆的一部分，本次世博会的

主题为"自然的睿智"。我们认为，要使"自然的睿智"变得显而易见并为人们所意识，就要发现自然和生命体所具备的优秀构造，通过人类的技能、技艺、技术，令其成为无论对人类还是对地球环境都有价值的规范并善加利用。

日本馆在阐释上述观点时，是将日本作为主语、日本的经验作为出发点的。人类也是自然的一部分，依赖自然生存，因此我们要体现的思想是，应该恢复战后不断丧失的与自然的关系——不仅是单纯的憧憬自然，对生活、产业和文化也要具有本质性的意义。

日本馆的主题为"重新连接，人与自然"。从理科方面，或者说以更贴近科技的形式展开这一主题的是长久手日本馆；从文科方面，抑或说以更贴近艺术的形式展开这一主题的是濑户日本馆。而网络日本馆除了串联这两馆之间，还链接更广的信息与更深的知识，以及来馆参观者近距离体验日本。

下面我将日本馆中采用的部分技术罗列出来进行纵览。它们基本上都是对前述问题意识尝试着做出的实验性回答。

众所周知，技术体系当中存在综合技术与要素技术。日本馆的综合技术包括建筑的整体创造、用于督导的综合型软件技术以及统筹场馆、活动、宣传、运营等沟通方面的整体设计，但我要着重介绍的是作为尝试的要素技术，特别是与地球环境世博会相关的、围绕环境进行的实验技术。

环境技术虽用一词即可概括，实际却分为下述几个种类（这几种间也存在重复和互补的部分），无论在任何情况下，其大框架均为"环境关怀"与"3R（Reduce、Reuse、Recycle）"。二者的基本内容是：控制温室气体排放、促进资源循环、防止环境污染、与自然共生以及环境交流（环境信息的可视化与公开）。

另外，关于环境总体方面的信息无须赘述，日本馆布置的展示内容本身就是对其进行的传播。

（1）环境循环技术

· 新能源供给的场馆

长久手日本馆的电力为1200多千伏安，新能源设备（燃料电池、沼气发酵、高温气化、太阳能发电等）提供的电力可以100%满足需求。这还是首次尝试一座场馆完全依靠新能源运转。

· 臭氧处理水的利用

长久手日本馆背后有臭氧处理设备，能够将50吨的排放污水还原到接近自来水的程度，用于绿化喷灌及冲洗厕所等。

长久手日本馆试图通过对生物素材的各种灵活运用来实现整体的轻量化。除了间伐材做的束状组柱、编成材（译注：将

直径较小的间伐材加工后合成的木材）做的支柱、构造用合板（译注：具有较高强度的合成板材，钉在墙壁上防止因台风、地震等引起的建筑物变形）做的房梁、竹制瓦屋顶、竹子之间的连接技术不使用金属材料而是依靠自身相互缠绕、发挥竹纤维特性的隔热隔音材料、地毯等内装建材以外，还有用回归自然的砖头做的铺装材料，用生物分解性塑料（聚乳酸）做的外壁材料等，建筑整体均考虑到中期的资源循环性。对于场馆环境之外的大环境（地区乃至地球）来说，这些照顾到循环性的做法同时也是减轻其负荷的实现要素。

（2）环境创造技术

• 中间领域的形成

在长久手和濑户两个日本馆，建筑空间的创造通过檐顶、底层架空的独立支柱、半户外空间、屋顶庭园及绿廊等，实现了自然与建筑相互流通的环境。

• 外装木质壁板

濑户日本馆的圆形外装由红松木集成材料做的幕墙构成，不仅在建筑方面提高了木质材料的隔热性能，而且对于尝试拓展今后景观形成的可能性，也是一次实践。此外，木质壁板还获得了准耐火认定。

• 蓄光型太阳能发电LED

长久手日本馆的竹网外侧安装的夜间发光点照明采用白天蓄积阳光型LED照明，夜间灯光点亮4～5小时后渐弱至熄灭，可以减少检修维护工作。

（3）环境控制技术

• 竹笼

长久手日本馆被90米×70米、高19米的竹制笼状外壳覆盖（主体建筑被整个包含在内）。竹笼为通透构造，可以防止强烈的日光照射及小雨侵袭内部建筑，同时兼备通风和开放性，不但能降低几成日照率，起到减轻空调负荷的作用，还创造了新的半户外环境。也许可以说它是立体化的"格子板窗"、"竹帘"和"户外遮阳板"。竹笼整体共3层，分别是主构造部分的竹桁架（4根竹子一组的构造）、两根竹竿一组形成的表皮基本构造竹笼、竹片做的最外层表皮竹网。竹笼竹网均由传统的六角形编法编成。竹子主要为苦竹，部分使用毛竹，通过熏烟处理（生态干燥系统）提高了强度与耐气候性，并能防止虫害等，亦可称为传统烟熏竹竿制造技术的现代版。从关东北部、九州等地采伐的23000余株竹材，也是解决当地竹子生长泛滥问题的一种措施。

• 自动对应型调光玻璃

濑户日本馆最高层的檐顶上，一部分安装的是调光玻璃，这种玻璃使用高分子材料，可以根据温度由透明变成乳白色，也是一项节能装置。它调节光线不是根据

以往的化学变化和电流变化，而是根据溶胶和凝胶的物理变化来实现。

（4）减轻环境负荷技术

• 光触媒钢板屋顶

长久手日本馆的半数屋顶贴有光触媒钢板。过去的光触媒技术都是抗菌、除臭方面的，或者是利用光触媒的超亲水性，发挥其自净作用，而此次我尝试结合超亲水性和汽化热，将目光投向散热功能。这样可以制造夏季屋顶内外的温差，达到减轻空调负荷和屋顶重量的效果。钢板上放流的是臭氧处理水，这也可以看作是现代化的"洒水"（译注：日本传统习惯，夏天往自家院子里或门前的路上洒水以求得清凉）。

• 墙面绿化和屋顶绿化

长久手日本馆南侧的墙面绿化使用小熊矮竹，濑户日本馆的屋顶绿化使用地被植物，它们卓越的隔热性能不仅减轻了空调负荷，也展示了与自然调和的景观形成的可能性。两者均采用以椰壳砖做栽培基质的绿化技术。

• 太阳能烟囱（"风之塔"）

濑户日本馆引进的结构是，依靠自然的太阳热能将空气提升，实现换气和通风。太阳能烟囱高 15 米多，通过顶部的集热板在烟囱内形成上升气流，实现了下方馆内的空气循环和散热，也是减轻空调负荷的

做法。

• 利用地热空调系统

濑户日本馆的空气循环装置名为地热交换管道，是一个深入地下 4.5 米（那里冬暖夏凉）的换气系统，夏季为馆内输送冷气，冬季输送暖气（会期以夏季为主）。它充分利用地热能，是发挥"地下"功能的现代版。

• 户外冷气管

管道将长久手日本馆内大空间的多余冷气输送至竹笼外带有可动屋檐的等候区，构建了有效的利用体系。此外保温管也使用生物类材质制成。

（5）环境可视化技术

• 能量监测

在长久手和濑户两日本馆实施了对上述各种环境技术的效果测定与量化，并将其作为长久手馆内及网络日本馆的展示进行信息公开（170 处）。开展这些实验的目的还包括，为事后从多个角度检验技术效果收集数据。

• IC 电子标签

在长久手和濑户两日本馆内的总计 400余件物品上安装了 IC 电子标签，作为利用 IT 技术进行资源循环的尝试。考虑到今后可以捐赠给社会再次使用，安装标签的主要是那些木制材料、设备机器等。标签对来历、使用经历进行管理，有助于会后的

二次使用者了解情况。

• 绿色图标

为使普通参观者能够认识到环境关怀方面的尝试，在长久手和濑户两日本馆实施了签名计划。该行动源于以下意识：对环境所作的努力本身就是（继长久手、濑户和网络之后的）"第4个展示"。

• 环境材料塑造的艺术（光与风之庭）

濑户日本馆最上层展示的艺术作品使用再生丙烯、蜜蜡、陶瓷等材质，体现了对3R观点进行深度思考的现代艺术。其中部分作品扩展至室外，那里被看作是一个平台，不仅展现了艺术与自然的互动，更以可视化的手段表现出对环境的考察和现代艺术的未来。

结　语

上面罗列地介绍了一些日本馆中采取的环保措施，但就整个日本馆而言，除此之外还采用了诸多先进技术。

例如长久手日本馆内的"地球之家"，实现了世界首个全天球型映像。在一个内径12.8米（比例为实际地球的100万分之一）的纯球体房间里，使用两套名为VIRTUARIUM-Ⅱ的数码影像技术，可以拼接融合不连续影像的边缘。此外还通过与球体内空调循环、球体内音响、银幕反射率、让观众产生浮游感的桥构造以及能够体验身临其境感的软件等技术的统合才得以完成。当然，"地球之家"本身的构造也是针对可以再利用这一目标而建的。

此外，该日本馆最后的大空间里还公开了通过纳米技术去除VOC的应用、生成负离子环境的机能水技术的利用，以及同为水技术的纳米气泡展示（海水鱼与淡水鱼混养水槽）。

我们衷心希望，除了上述每项技术的实验价值，日本馆也能够成为一个判断标准，为文章开头写到的环境革命时代打上印记。

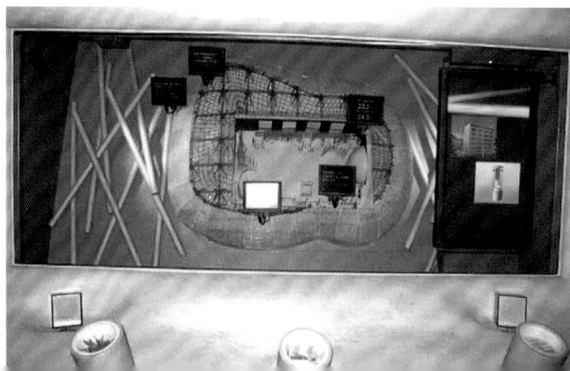

环境技术信息和效果的实时可视化
（长久手日本馆内展示）

2010 上海世博会 日本馆
EXPO 2010 Shanghai Japan Pavilion

日本馆概念图

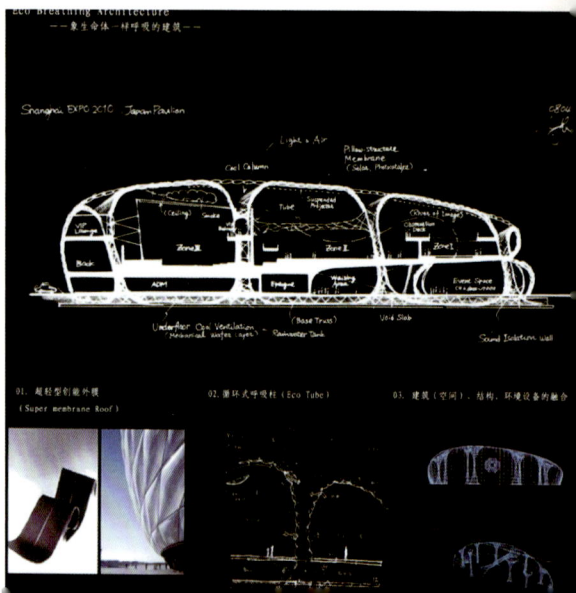

从黄浦江上远眺

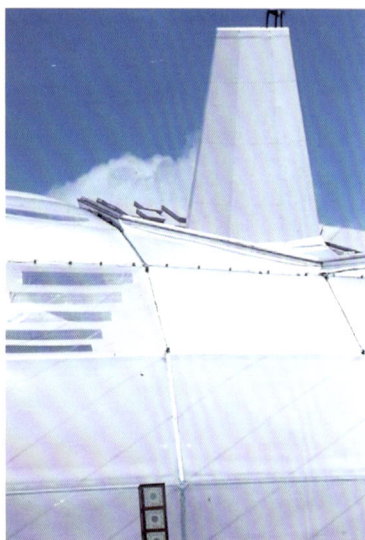

等候区

安装有机 EL 照明的 VIP 室
和休息室

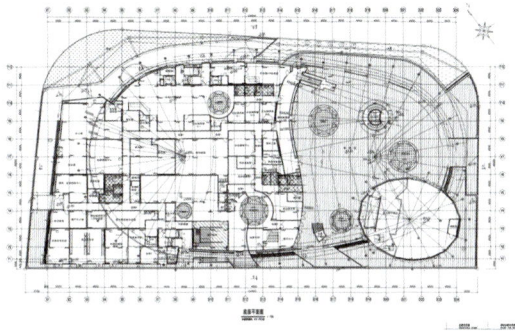

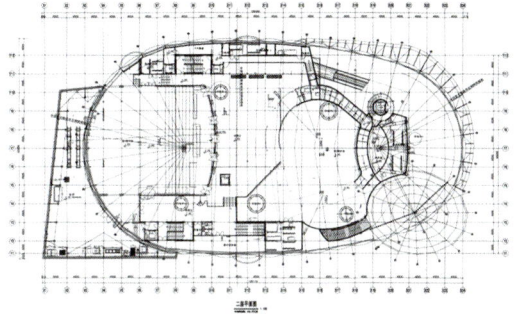

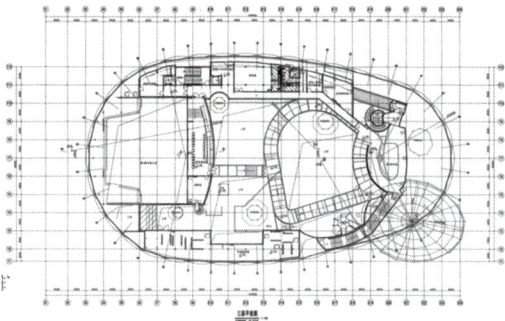

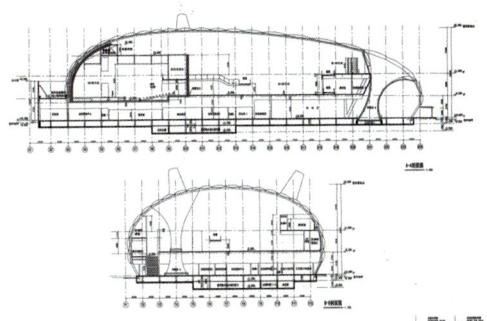

EXPO 2010 上海世博会日本馆位于会场东门附近,总占地面积约 8200 平方米。长宽约 100×50 米、高 24 米,外皮由红藤色的 ETFE(译注:聚四氟乙烯)气枕构造覆盖。"紫蚕岛"是该馆的爱称。轻量建筑、"发电膜"、"循环式呼吸孔道"和最新的环保设备等在场馆建设中得到实验,该馆理念为"像生命体一样呼吸的建筑"。

除政府之外,馆内还有地球产业文化研究所(GISPRI)、丰田、松下、佳能等 20 多家日本企业共同参展,向世人展示日本的传统美感和先进技术。

内部展示空间

外部由钢铁骨架及 ETFE 双层膜和 PCV 膜构成,膜表面涂有光触媒,内部装有非晶质太阳能电池。6 个孔是循环式呼吸孔道的终端孔,3 只触角为散热太阳能塔。

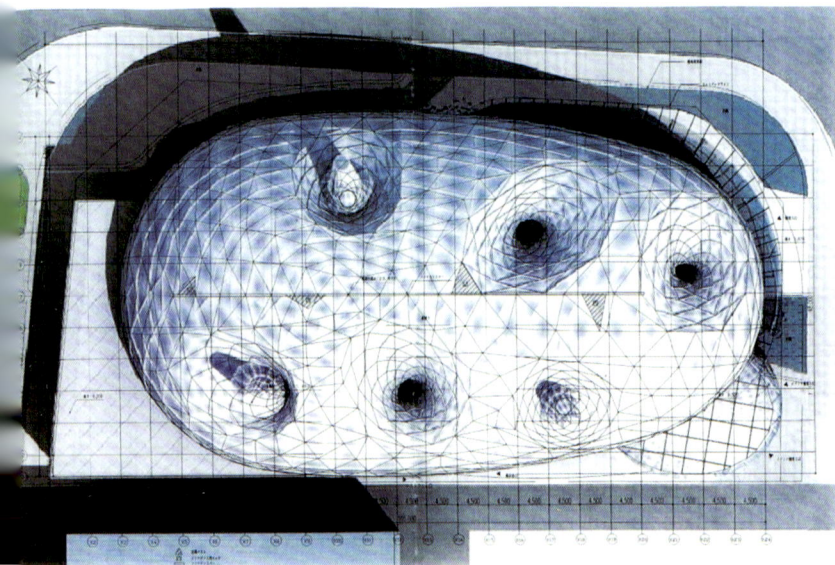

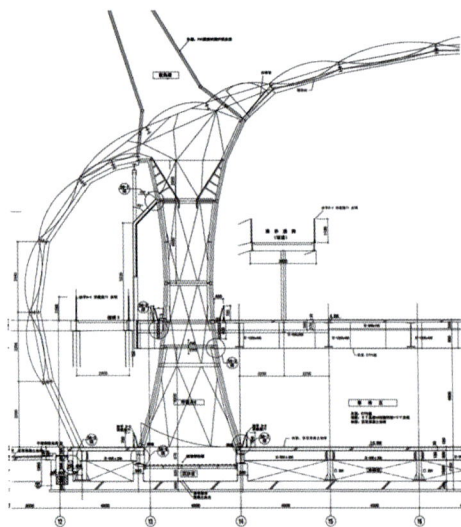

施工阶段的日本馆

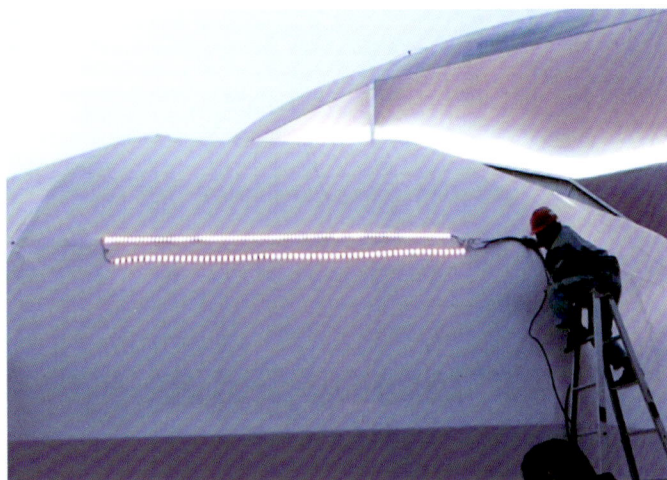

風　光　水

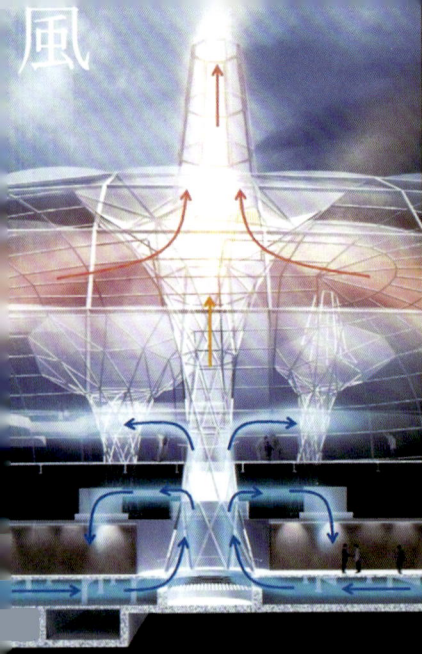

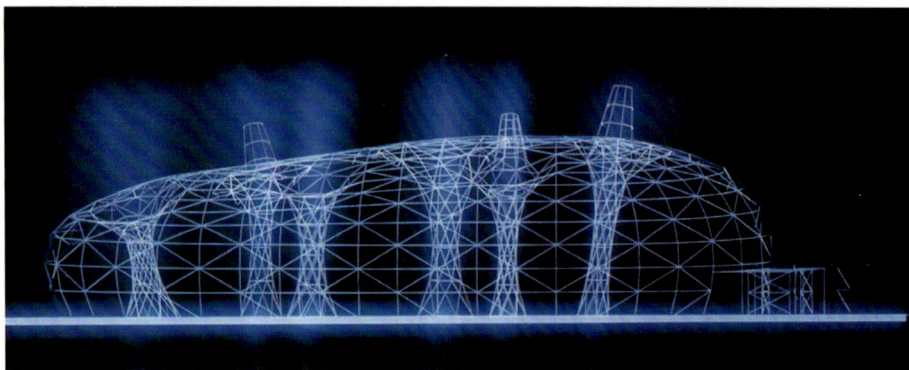

如同体内的循环系统一样，光、空气、水通过循环式呼吸孔道进行循环。循环式呼吸孔道发挥着降低环境负荷的作用，同时也是支撑屋顶的构造体。

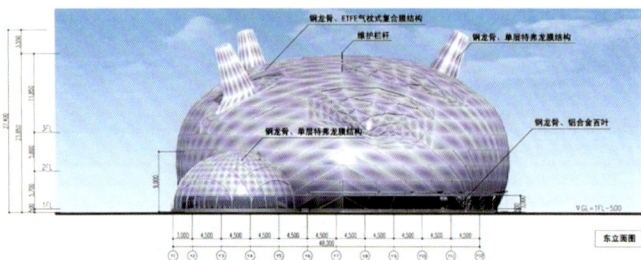

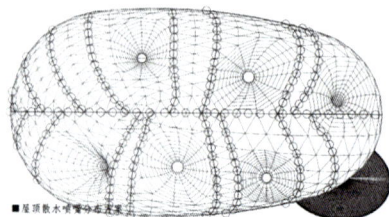

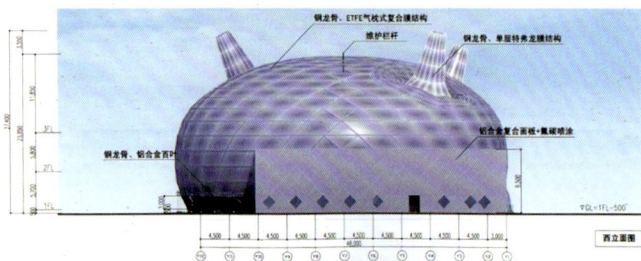

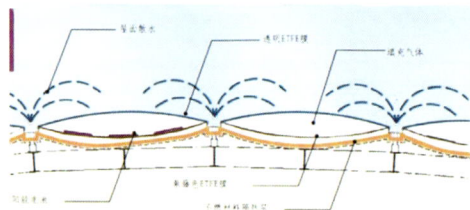

ETFE 气枕膜

世博建筑游
EXPO Pavilion Tourism

作为国际体系的世博会

世博会不单是能够享受博览体验就足够的，还要进行艺术与科技或者民生技术方面的多种实验。这些实验先于市场行为，对上述几方面的构思、效果和意义进行考量，促使今后的社会进步，是世博会带来的生产功能之一。预制房屋技术、钢铁骨架构造、电梯、双层巴士、轮椅、彩灯、装饰艺术等，实验不胜枚举。当然它们当中有一些是在世博会上首次面世的，还有一些是已经过实验测试阶段，要在世博会上进行大规模的公开展示和推广。

在建筑方面，"场馆建筑"这一概念也来源于世博会。"Pavilion"（英语的"场馆"）一词原本出自以前的风景式庭园和近代公园里的亭台楼阁，但它在世博会上的登场则显著提高了思想性、表现性和技术宣传功能。分散型场馆的出现据说始自1867年的巴黎世博会，而说起全天候式的场馆，当属1851年的水晶宫，建筑本身像个庭园内的巨大温室。如果把埃菲尔铁塔（1889年巴黎世博会）、原子模型塔（1958年布鲁塞尔世博会）和太阳塔（1970年大阪世博会）称作场馆，大家可能会感到别扭，但它们的确都曾扮演主题场馆的角色。各个时代场馆建筑的方向性我会在后文阐述，不过世博会

早已成为展示当代以及不久的未来建筑形态的华丽舞台。

然而世博会的无形遗产并不止上述这些。还有一项最重要的，是通过举办世博会推动城市和地区的开发。尽管多数会场成了城市纪念公园，但为世博会进行的基础设施建设，以日常开发中不可能有的力度建成了城市和地区的基础。当然，主题馆等永久设施会改作他用，被赋予新的生命。世博会的特点是，向全世界公开发布城市和地区的信息，并且在世博期间和世博前后进行国际间的人文交流。世博会之所以被称作是现代化的伟大的城市生活方式之一，其理由恰恰就在于此。其结果也对经济产生影响，包括旅游业的兴旺及新产业的兴起，起到了将主办城市、主办地区推上国际舞台的作用。因此也可以说世博会是一个贸易机构。

世博会这项盛事所具备的超过法规规范的措施及国际传媒对它的宣传，也为下列事件增添了一抹神话色彩。

举办活动型的国际体系并不仅有世博会。另一大代表是现代奥运会。实际上，顾拜旦所倡导的奥运会只是在1904年圣路易斯世博会的一个角落展现了它的现代面貌。此外在当代还有世界杯和F1等，但除了世博会以外均为运动赛事，会期也极短。而且后两者基本为选拔赛，并非"世界"上所有的国家都

能参与。所以说世博会和奥运会至今仍为上述现代化方法的制度主体。

国际体系由条约机构管理，能与IOC、FIFA及FIA匹敌的是总部设在巴黎的BIE（Bureau International des Expositions，国际展览局），它决定主办国和主办城市。现在已确定的有：上海之后是丽水（韩国），然后是米兰（意大利）。

根据BIE规定，博览会分为注册博览会和认定博览会两类，前者规模较大，会期为半年，后者规模较小，会期3个月。日本举办过的注册博览会有大阪（1970）世博会和爱知世博会，认定博览会有冲绳、筑波、大阪（花博）。2000年的汉诺威、2005年的爱知、2010年的上海以及2015年的米兰都是每5年举办一次的注册博览会。

21世纪最初的爱知世博会（爱·地球博）之后，经过萨拉戈萨（2008年）再到上海，地球环境问题这一全人类的课题成为主题。世博会作为允许市民参与的"运动体"，明确表示不再沿袭以往的陈列型路线，而开始探索思考型、运动型的世博形态。

曾经的博览会城市——上海

上海世博会据称是历史上最大规模的世博会。

按照入场人数计算的话，大阪世博会以6400万人创下了过去最高纪录（6000万人以上的还有1900年的巴黎世博会，但当时会期长达1年）并保持至今，而上海世博会（博览会组委会）预计，入场人数将达到7000万人，目前看来正以稳定的速度不断接近这一数字。民间调查认为上海世博参观者可轻易突破1亿人，这还不能确定。因为他们估计的数字中100万以上的参观者来自日本。

在亚洲实际举办世博会的情况是，日本5次（如果把2012年世博会也算在内的话），韩国有两次（大田和丽水），中国虽举办过园艺博览会级别的，但国际性的世博会尚属首次。借用官方的说法，这是首次在发展中国家举办的世博会。

与举办上海世博会同步进行的是，地铁的新建、园区周边与上海市区观光景点（新兴的游客聚集地"田子坊"尤为著名）的建设，以及街道的美化、国际酒店的入住等。

实际上，特别是20世纪20年代、30年代的上海，曾经是可以与19世纪末的巴黎相抗衡的博览会城市。

就巴黎的历史而言，从奥斯曼改造时期的市区名胜网络到城市观览塔埃菲尔铁塔的建造，再到以新艺术运动为基调的1900年巴黎世博会（主题：回顾上世纪，展望新世纪），其间除了会场以外，实际也在巴黎市区修建了移动式人行道和高架道路，使这座城市本身变成了博览会场。至此，我们可以认为巴黎开始向世界媒体宣扬——自身是博览会城市，并标榜——巴黎不断产生时尚和先进的概念，国际色彩丰富且具有多样性，美丽而充满魅力，尽管如此，巴黎还是巴黎。

本文无暇追溯上海的历史，但在1842年的《南京条约》（鸦片战争）中，位于长江口

的上海作为条约港向欧美及日本敞开门户，国际化程度飞速发展，租界就是这一时代的产物，至今仍能接触到它的遗迹。

不同种类的文化冲突、融合，孕育出第三种物质。近代上海是以香港上海银行为中心的金融枢纽城市，在经济活跃的背景下，上海成为远东最大的城市，也成为文化纯熟的魔力之都。如同电影《上海浮生记》等所描述的那样，特有的中西混合的世界，将这个东洋的巴黎完全笼罩。"这里有世界上的一切"——现在已几乎荒废的巨型游乐中心"大世界"，也只能说是一个异常凝缩的博览会场。

从这个意义上讲，20 年代、30 年代没有在上海召开世博会着实令人感到奇怪，同时也不禁让人想象，当时如果在上海举办了世博会究竟会是怎样一番情景？应该会成为世博史上一次与众不同的世博会。

申办 2010 年的注册博览会和申办北京奥运会的定位一样，对中国政府来说都是扩大中国国际影响力的举国翘首的盛会，对此我毫不怀疑。上海世博会占地约 330 公顷（面积将近新宿副都心的 4 倍），几乎都保证在市区当中（原造船厂一带），两个会场隔着河面宽约 500 ～ 600 米的长江支流黄浦江营造，这些做法均打破了常规。

然而，从略带脱胎换骨感的综合主题"城市，让生活更美好"及战后基本定型的世博会管理来看，上海世博会虽然展示了许多现代实验和未来构想，但相对于政治展览、彰显时代精神的艺术展览和令人惊异的技术陈列来说，还是比较消极的，似乎反映出现代

上海已从魔力之都变身为国际性大都市。

上海世博会日本馆

在此介绍一下上海世博会上日本参展的场馆，分别是日本馆（浦东园区）、日本产业馆（浦西园区）、大阪展示（浦西园区，城市最佳实践区内的联合馆）三处，下面对我参与的日本馆做个简单的概述。

日本馆采取的展示形式为日本政府和企业共同参展的"官民一体型"。企业当中的主要赞助商丰田、松下、佳能也在展示空间进行赞助展示（VIK）。比如丰田是"i-REAL（未来时代载人型移动伙伴机器人）"和演奏小提琴的机器人；松下是"生活墙（未来时代信息墙面）"；佳能是"万能相机（未来时代高精细变焦系统）"等。

日本馆的展示以"心之和，技之和"为主题，以"联接"为基调。开始的 1 区是遣唐使等中日交流展；接下来的 2 区展示的是日本对自然所做的努力、环境文化以及碳中和方面的先进技术；在其后的展前秀上娱乐性地演示上面 3 家公司的技术，最后的 3 区是能够容纳 500 人的剧场，上演的音乐剧融合了昆剧、能乐和高新技术。展前秀及 3 区的主要演出剧目反映中日合作拯救朱鹮的环保活动，由朱鹮串起整个故事。此外，在独立于主场馆的表演舞台，从传统技艺到旅游观光，日本各地方政府、企业和传统产业组织的展示内容每天更新。

日本馆的建筑采用圆顶状的大空间形式，

以容纳所有展示空间。

地点在会场东端的团体入口附近，该区内毗邻的还有韩国馆和越南馆等。当初规划会场时，就将日本馆和美国馆作为吸引游客的磁石，所以二者被分别安排在狭长的浦东国家馆区的两端。

日本馆是外国馆中最大的建筑物，建筑面积 6000 平方米，加上半户外空间的话，总占地面积达 8200 平方米，也是日本在海外参展过的场馆中规模最大的。它长约 100 米、宽约 50 米、高约 24 米，外皮膜为红藤色，外观独特，因此获得"紫蚕岛"的爱称。

外皮膜是将双层 ETFE 材料以气枕构造方式形成，遗憾的是该材料在日本尚未取得建材认证而无法使用。放眼世界，英国伊甸园工程的温室膜、慕尼黑安联体育场的外装以及北京奥运会的水立方等均使用这种材料。此次在日本馆约 1/4 的气枕膜内安装了可以自由弯曲的非晶质太阳能电池，实现了"发电膜"。

在爱知世博会时也是如此，日本馆的建筑将减轻环境负荷技术、生态技术及传统的环境应对技术与设计相融合，旨在创造出一个能够留在人们记忆中的场馆。世博会的场馆过了规定的时限就会被拆除，除了会后移建等特殊情况外，以后人们只能从照片中或是记忆中找寻其踪影。想"留下记忆"首先要求其轮廓能够不由分说地触动参观者心中的某些东西。从结果来看，日本馆能让人单纯地联想到某种生命体（人们常说它像海牛、雨虎等）。当然从战略高度设计的色彩使日本

曾经的博览会城市——上海

馆完全与其他馆区别开来，成为会场内独一无二的风景。

我们要创造的建筑应以有效的方式导入减轻环境负荷技术和生态技术等，即使将来形式发生了变化也仍可作为体系通用，实验性就体现在此过程中。这也是对爱知世博会理念的继承。

首先，要建造轻量建筑。二氧化碳排放最多的是施工用卡车的尾气，如果不考虑建筑从建设到拆除的整个生命周期而仅强调完成品所减轻的环境负荷，那就没有任何意义。膜材的使用及钢骨的合理搭建使日本馆与通常的金属屋顶加 RC（译注：钢筋混凝土）墙面的建筑物相比，减轻了约三到五成的重量，因而减少了卡车辆数。由于黄浦江沿岸园区的地耐力不足 3 吨，地基薄弱，上述材料对没有打桩就能浮于地表的建筑构造也起到了一定作用。当然没有打桩还使拆除时对环境的影响降到最小。

其次是使用 ETFE 的发电膜。总发电量为 30 千瓦左右，用于向膜上涂布的散热和净化用的光触媒喷水及馆内的 LED 照明等。

日本馆的外观特征是，有 6 个大孔 3 只触角。国外的许多记者都问我是否在模仿日本动漫，其实它们是我本次挑战性地进行实验的"循环式呼吸孔道"的出口。循环式呼吸孔道的管道垂直贯通建筑物，与 1 层地下名为冷气管道的所谓的地下室相连，这样就构建了一个吸纳和排出水、空气、光的体系，如同生命体的循环系统一般。看起来像触角的突起是散热塔，它使馆内的空调负荷得到

减轻，并能为设置在下层的员工休息室提供自然光和自然风，其自身构造还是穹顶形膜屋顶的支撑。"像生命体一样呼吸的建筑"，是对日本馆理念的表现。

除了采用以上这些贯彻建筑整体的环境技术之外，要素技术的实验也涉及各个领域。也许一般参观者很难看到，不过它们对产品的进步是极为有效的。其中一些技术近几年已经普及，比如冷却喷雾，此外还导入了许多潜力很大的技术，如在中国尚不能使用的"EcoCute"系统、无汞的高辉度有机 EL 照明、净化水的纳豆菌等。

环境技术、生态技术是综合技术，绝非要素技术。对于当今时代具备的主要技术因素，现代建筑尤其是作为时代镜子的世博会建筑，也必须从建筑的角度作出回应。

尽管太阳能电池板等新能源在世博会的几个场馆中得到实践，但遗憾的是，将会场整体作为实验室进行不久后的将来的能源管理这一尝试未能实现。

总之，将力量过多地放在包括日本馆在内的场馆群及会场的安保高度戒备上，是否也可以说反映了这个时代国际性游客聚集环境的课题呢？

世博会与观光

1851 年于伦敦正式登上社会舞台的世界博览会——当时在英国被称为 "Great Exposition"，英国以外、特别是以法国为中心的一些国家则称之为 "Universal Exposition"。而在美国，"World Fair" 这一叫法较为普遍——开始席卷世界的时代，恰巧与观光蓬勃兴起的时代重合。19 世纪 50 年代，托马斯·库克和美国运通等企业的成立为后来的 "旅游业" 奠定了基础，也在人们当中掀起了一股乘船和火车周游异乡的观赏游乐潮。

大众文化社会在这一时代尚未到来，因此上面提到的 "人们" 主要以上流阶层、贵族和产业资本家为核心。

总体来说世博会诞生后，其魅力在 19 世纪后半叶得到了广泛宣传，所谓 "博览欲望" 的社会性、集团性的梦想潜伏于社会底层。"博览欲望" 也可以说是一种 "想要将世界尽收眼底的欲望"，世博会现实地体现了上述梦想，这一点无需论证。产业革命和市民革命促使社会朝着有活力且开放的方向转变，考古学、生物学、地理学等各门科学规范领域的知识信息延伸以及近代国家相继成立所带来的 "国际性" 贸易等，都成为博览欲望形成的巨大动机。

如果说世博会是在特定的地点和指定的会期当中创造了俯瞰世界的时间与空间的话，那么观光则是主动走出去涉猎世界的信息，前者是内向的，后者是外向的，但基本属于同根的欲望发现形态，就好像硬币的正反两面一样。

即使在世博会当中，假想观光也曾数次上演。1867 年巴黎世博会设计的是沿主会场椭圆形玻璃场馆圆周的 "环游世界之旅"。同样在巴黎，1900 年世博会规划的是在塞纳河沿岸的水上世界之旅。要说记忆犹新的还是 2005 年爱知世博会的 "全球环路"，上面形成了五大洲区，沿环路走一圈仿佛周游了世界，想必大家都很熟悉。当然，由于世博会场已经演化为世界文化信息云集的场所，徜

祥于会场间也带有微型观光的意味。

19 世纪末，异于现实世界的想象力之旅逐渐开始受到褒扬。例如，儒勒·凡尔纳的冒险小说《地底和海底世界想象的开始》和 H.G·威尔斯的《时间之旅》等，实际上这些不存在的旅行也对 20 世纪世博会的基调"未来的设计"产生了影响。如果说憧憬浪漫的桃花源是观光的基调的话，那么世博会则可谓是一个社会装置，它把这种憧憬变成了能够实现的蓝图。

现代社会的信息获取媒介极为多样化且准确度不断提高，因此往日世博会作为信息来源的意义早已发生了巨大变化。当今时代使人们即便不在世博会那样的集中环境中体验，也能够日常性地收集和获取到知识和文化信息。而一想到世博会场本身曾是某种理想化的微缩城市，就不由感到现代城市本身实际上正变成一个持续不断变化的常设的世博会场。如今世博会这一特殊活动的时间空间特性，可以说早已侵入日常社会领域。前面提到世博会和观光好像硬币的正反两面，城市观光热潮再次暗示了这种硬币关系。我们日常的信息活动，也越来越接近世博会体验与观光体验。

"Art et Lumière" L.Survage 作

辉煌的假设性　Brilliant Temporality

世博会的场馆是当代建筑的假设实验，以及对这些实验进行的演示和说明。

左图为 1851 年伦敦世博会中心设施水晶宫的内部。近代明亮开放的玻璃空间构想自此展开。该建筑本身也是首次大规模应用预制技术的例子。

右图为 1937 年巴黎世博会场的中心部分。隔着埃菲尔铁塔，施佩尔设计的德国馆与尤方设计的苏联馆相对峙。世博会场馆承担了展现国家形象的宣传机器以及国家的代言性建筑等作用。

世博会上对建筑产生影响的发明
Transcendent Inventions for Architecture

PREFABRICATION

DOUBLE-DECK BUS

TRAVELATOR

WHEELCHAIR

ELEVATOR

STREAMLINED OBJECT

ILLUMINATION

PAVILION SYSTEM

SUPER GRAPHISM

OBSERVATION LANDMARK

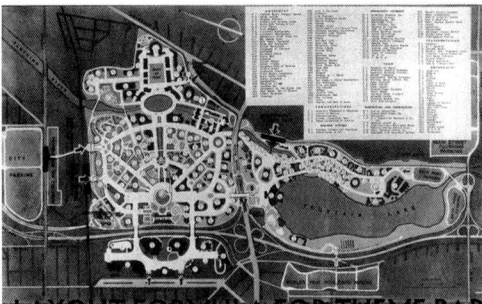

LAYOUT FORMULA FOR THEME PARK

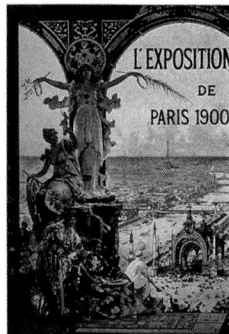

DECORATIVE STYLE

巨大的人工环境 Large artificial space

以 1851 年的水晶宫（长 555 米＝ 1851 英尺）为首，特别是 19 世纪后半期，在世博会上创造巨大空间的倾向尤为明显。后来仍陆续设计出一些能够将人群容纳于檐下的巨大人工环境，其影响不断波及城市的单一大规模空间（中庭、穹顶、大屋顶、无柱空间）。

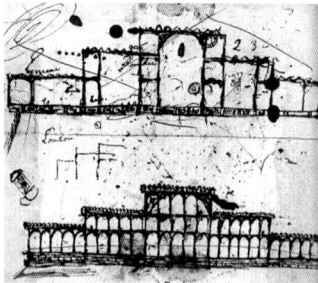

(Sketch by J·Paxton)

EXPO 1867 (Paris)

EXPO 1876 (Philadelphia)

Crystal Palace in EXPO 1851 (London)

EXPO 1873 (Vienna)

Grand Roof in EXPO 1970 (Osaka)

钢铁结构 Steel structure

世博会的场馆带动了建设的"钢铁时代"。其中最具象征性且最为著名的当属 1000 英尺高的巴黎埃菲尔铁塔（现高 324 米），它不仅刷新了传统的城市景观，更以其钢筋铁骨跨距之大、压倒性之高度和工期之短，彻底改变了后来的建筑情形。

The Eiffel Tower in EXPO 1889 (Paris)

各种欲望装置的涌现 Compatibility with the rise of desire

随着近代科技的进步，新的欲望——俯瞰体验、速度体验、眩晕体验、非日常体验——空前高涨，许多世博会的场馆作为满足人类欲望的各种建筑物得以实现。这些大众社会的娱乐建筑成为之后爆发式出现的游乐场及主题公园等吸引游客的空间和游艺项目设施的先驱。

Tower and Sphere (modern landmark),
EXPO 1853-1939 (New York)

Mountain coaster,
EXPO 1910 (Japan British)

Dream of machine,
Coney Island (New York)

Aquarium,
EXPO 1867 (Paris)

Ferris wheel,
EXPO 1893 (Chicago)

Aviation Pavilion
EXPO 1937 (Paris)

对未来愿景的贡献 Contribution toward landscape

世博会及博览会的会场也曾被看作是一个小型的乌托邦城市，所创造的风光及城市景观在整体统一的基础上容许多样性，成为城市建设的一大预见性实验。场馆建筑／会场一直被人们拿来与日常社会中的建筑／城市做对照。

EXPO 1893 (Chicago)

EXPO 1910 (Japan British)

EXPO Werkbund 1927 (Stuttgart),
Weissenhofsiedlung

EXPO 1900 (Paris)

装饰性符号缠绕的建筑 Architecture wrapped in decorative sign

建筑包裹于散发着多重意义的装饰性符号当中，宛若身着洋装一般。1900 年的新艺术运动、1925 年的艺术装饰与工业展等都已成为延续至现代的商业建筑的先驱。此外，20 世纪前半期还采用了许多与民族主义有关的象征国家的符号。

Palace of Water and Light in EXPO 1900 (Paris)

Main site in EXPO 1937 (Paris)

EXPO Art Deco 1925 (Paris)

现代主义先进的空间构想 1 Progressive space vision in Modernism 1

现代主义建筑在众多的世博会及博览会上开发和宣传了其全新的空间性，并根据人们的反馈对空间性进行了进一步的深耕。由于展会的场馆从最初就注定了曝光的命运，所以某种意义上说它们正是现代主义的理想舞台。众所周知，许多历史上的著名建筑就诞生于这些场馆当中。

EXPO 1925 (Paris)
by Le Corbusier

EXPO 1929 (Barcelona)
by Mies van der Rohe

EXPO 1914 (Cologne)
by Bruno Taut

EXPO 1937 (Paris)
by J. Sakakura

EXPO 1930 (Stockholm)
by E. G. Asplund

EXPO 1925 (Paris)
by C. Melnikov

EXPO 1937 (Paris)
by J. Krejcar

144

现代主义先进的空间构想 2 Progressive space vision in Modernism 2

1927 年在德国斯图加特举行的 "Weissenhof Siedlung" 住宅博览会上，现代主义建筑师们集结一堂，为世人呈现了新型住宅与集群住宅的形式。该博览会由密斯·凡·德罗策划，几乎可以说它是一部近代建筑作品宣言。

(by M. Stam)
EXPO Werkbund 1927 (Stuttgart)

(by L. Hilberseimer)

(by J. J. P. Out)

(by W. Gropius)

(by H. Sharoun)

(by P. Behrens)

(by Le Corbusier & P. Jeanneret)

大量生产的建材和隐喻般的建筑形状 Industrialized parts and metaphorical shape

战后的场馆不再是主义与意识形态的宣传媒体，建筑重点开始转向技术所孕育的新型空间性及其传达的寓意性，由此诞生的场馆整体造型能够使人生发许多联想。工业化大量生产的建材及架构技术使得建筑的实际形状可以无限扩张，这些都对现代建筑产生了影响。

Atomium.
EXPO 1958 (Brussels)

Philips Pavilion.
EXPO 1958 (Brussels)

Habitat '67.
EXPO 1967 (Montreal)

考虑材质特性的建筑结构 Material-conscious structure

关注建材自身特性胜过关注组装技术的建筑也始于世博会。展会活动尤其要求临时搭建和可搬动性，因此出现了以膜材为代表的轻量建材，至今已进行了多方面的研发。其中有些材料具备恒久性，这一领域的拓展和延伸前景不可估量。

Tent Structure, EXPO 1967(Motreal)

Fuji Pavilion, EXPO 1970 (Osaka)

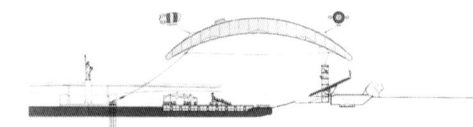

Project for Floating Boulevard on La Seine,
Unfinished EXPO 1989 (Paris)

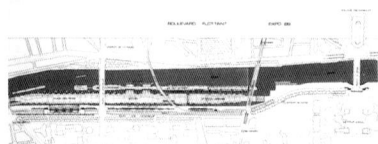

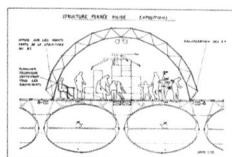

与环境性艺术的融合 Amalgamated art with environment

科技和艺术向来是世博会的两大支柱，而今，作为人类生存活动载体的环境问题也逐渐被纳入世博当中。这里所说的环境是非物质的，即以信息、影像、声音等为基础。人们通过世博会获得的启示为：空间不仅是由实体的建筑，同时也是由上述非物质部分构成的。

Freezed Vechicle,
EXPO 1986 (Vancouver)

Visionary Project for
Unfinished EXPO 1989 (Paris)

Japan Pavilion,
EXPO 2000 (Hannover)

EXPO 1992 (Seville)

环境友好形态学 Eco-friendly morphism

20世纪末,全社会开始聚焦环境问题,环境本身成为时代的主题。人们不再拘泥于此前的机械至上主义的形态形成论(Mechano-morphism),转而追求既具有生物体想象力且实质上在环保方面也非常出色的场馆形式。这种愿望自2005年爱知世博会以后愈发强烈。

Japan Pavilion Nagakute, EXPO 2005 (Aichi)

Japan Pavilion Seto
EXPO 2005 (Aichi)

Bio-lung,
EXPO 2005 (Aichi)

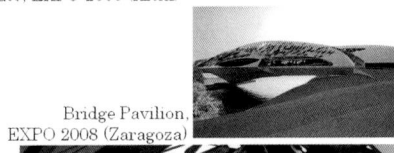

Bridge Pavilion,
EXPO 2008 (Zaragoza)

2010 上海世博会日本馆

2010 上海世博会西班牙馆

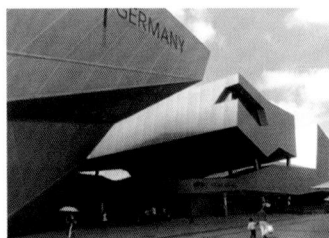

2010 上海世博会德国馆

折衷式庭园的教训
Lesson of Eclectic Garden

世博会景观起源于 18 世纪的折衷式庭园，它刺激了我们
对建筑环境和未来城市的想象。

世博会不仅是展示人类文明和科技的伟大舞台，而且为未来城市的创新提供了蓝图或是背后的启发。大体上讲，世博会场就是一个小型的浓缩城市。

例如 1939 年纽约世博会后，迪斯尼公司在奥兰多修建了"未来世界"。除此之外，一些以未来概念为主导的主题公园也经常与世博会的大环境相关联。

另一个运用世博会概念来憧憬未来城市的领域便是电影。史蒂芬·斯皮尔伯格曾在电影《侏罗纪公园》中说过，电影就是主题公园，但无论是在空间上长期保留的世博会形式，还是在时间上短暂停留的电影形式，都使未来变得形象化，或者批判性地将未来转化成现在。这两种对于未来城市形象化的方式不仅塑造出一种未来的景象，还体现了未来生活及同时期的社会问题。

当代的城市形态可以视为持续变化的世博会形态，无论其主题是商业主义、投机市场还是地方政策。

世博会第一次证明了博览会与城市的互融是在 1900 年的巴黎。市区转变成多重元素（国家、地域、科技）和谐共存的地方，并可以用来观光。众所周知，除了新艺术运动，此次博览会因在巴黎街道上使用移动式人行道而同样闻名。这样的机械传动系统就像电梯、传送和乘载工具一样，都是由世博会带给世界的伟大契机，以促进现代化城市的发展。

此类世博会发展到极致且最具有意识形态的一届是 1942 年未完成的罗马世博会，与墨索里尼政府 20 周年庆典同一时间，人们期待这个永恒的世博园本身通过展示

折衷式庭园

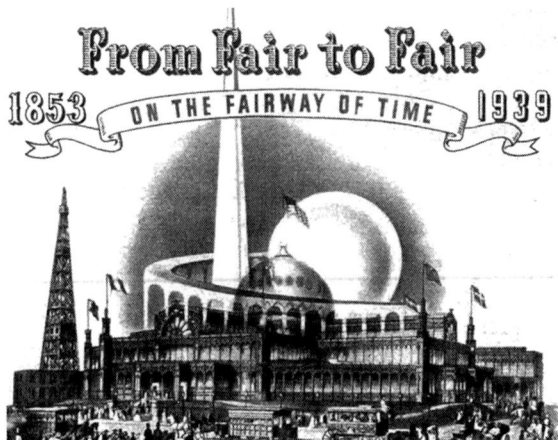

历史双重化的世博会

首都来提升国家的威望。

那么，应该如何找寻世博会独有的环境与空间的灵感起源呢？

我们必须追溯历史，回到现代的最初阶段，即以自然景观公园为主导的时代。

提到世博会的历史，我们会轻易联想到其空间特征与庭园文化或园林设计之间密不可分的关系。

18世纪末到19世纪初的贵族与知识分子对由英式庭园进化形成的英中结合式公园非常感兴趣。那时，不仅大自然的多元化被微观化了，而且例如异国的或是带有废墟的古老展馆等混杂元素也都以折衷主义形式同时共存，并呈现出了多种形式的美学艺术，如风景画式的、庄严的、怪诞的或是具中国风格的。

这些元素被称作"Fabriques"，最初被认为是文学里的装饰以及圣经中后世图画上的景观；但事物永远在进步，来源于不同阶段不同个人品味的神秘和神奇的元素散落在公园环境中，就像是户外未被分类的标本盒一样。"Fabriques"是制造某些意义或信息的元素，就画面的最终功能而言，是赋予整块画布某种意境。在出现了Poussin、Lorraine和Rosa这些景观画家描绘的图画之后，园丁们得以在庭园中实践"Fabriques"。

庭园里的一条"散步道"关联到许多"Fabriques"。沿散步道漫步就像一次远足，形成一个由各种意义组成的想象世界。那里没有受透视画法或古代配景图法支配的空间延续性，而只有联想才保持着延续性。

在建筑史上这种空间构成被称为"Pavilion System"（折衷式庭园）；历史双重化

149

的世博会对其建筑特点的描述通常明显划分为启蒙运动、Rcason、新古典主义三个时期和古巴洛克时期。建筑学的一部分获得了自主的价值，在市内空间和郊区环境中，各式各样的建筑从形式到内容（社会的结晶是城市建筑，但在庭园文化中却很荒唐）都得以延伸。例如，我们可以轻易地从克劳德·尼古拉斯·勒杜撰写（并制作）的 Architecture（"L'Architecture considérée sous le rapport de l'art, des moeurs et de la législation"——译注："从艺术、法律、道德观点看建筑"）中看到法国大革命时期有远见的建筑师。这里，纯正的几何学被当作辨别建筑场馆的字母表，意味着人们已经认识到几何学就如语言一样。

尽管折衷主义在接下来的时代中极其时髦，但散步道的这种折衷式庭园概念实际上给创造现代公园乃至现代城市提供了许多标准。比如世博会诞生的 19 世纪后半叶出现的循环流通概念，很快被应用到水利和热动力学的成果以及不久后的交通规划上。

现代园林设计师在现代化城市规划方面扮演了重要角色，这并非偶然。而且他们拥有优秀的 Fabriques 辨别力和渊博的折衷式庭园方面的知识。

在庭园里最具影响力的元素之一便是对世博园和现代社会建筑发展产生了巨大

影响的玻璃温室。温室中的环境是从真实的生态类型中隔离出来的，从远处采集汇聚的植物生命同时共存并制造出不同寻常的空间。人们的想象一定是受到温室的启发才创造出望远镜、凸透镜（在当时还属于新发明），或是旅游书籍和后来的百科全书，以及位于提沃利的阿德里亚纳别墅的古代环境。

除此之外，频繁地使用玻璃也为照明提供了新感觉和史无前例的对于空间的想象。玻璃温室和柑橘温室起到了为会议、宴会或植物耕种提供空间的作用。1851 年伦敦世博会上被玻璃覆盖的水晶宫的巨大空间就借用了这种功能。

除了水晶宫外，园林设计师约瑟夫·帕克斯顿还规划了一条很长的玻璃疏导通道"大水晶路"工程，用来重组伦敦市区的结构，目的是完善基础设施以实现有机流动性，并在利物浦的伯肯黑德公园首次完成了不同种类交通工具（如马车、行人等）的路面划分。

另一方面，奥斯曼绘制出巴黎改建草图，公园地区检查长 Adolf Alphand 设计了革新性的 1867 年巴黎世博会方案，与此同时，曾是社会改革家和著名的纽约中央公园、波士顿公园及公园系统设计师的弗雷德里克·劳·奥姆斯特德也在筹划着美丽的 1893 年芝加哥世博园设计。

由上面提到的 Alphand 策划并设计的1867 年巴黎世博会上，独立的展馆首次出现，开创了世博会历史的先河。此后，尽管世博园仍占地巨大，但已基本发展为由独立场馆构成，这是折衷式庭园中 "Pavilion System" 和 "Fabriques" 的一种反映。同年，Alphand 出版了 *Les Promenades de Paris*，其中包括奥斯曼的改建作品，比如巴黎各种各样的纪念碑及知名场所全部由大道联通，很像现代都市的建筑。在 Alphand 那具有象征意义的卷首插图 "Les Promenades" 中，巴黎的纪念碑全部聚集在一处带有庭园布景的拱形舞台周围，感觉城市仿佛变成了一座充满雕塑的露天剧院。

1867 年世博会的主展馆为巨大的椭圆形玻璃场馆 "水晶宫"，仍然大获成功，其中每个国家的展厅排成一圈，人们可以体验环游世界的旅程，此外还展示了信息体系缔造的空间平行关系。显然这也是一种发动机的暗喻，以庆祝当时发明了自身旋转作为动力来源。

在 2005 年爱知世博会整个场地中，我们也可以发现类似的想法，那就是 "全球共同展区" 与 "全球环路" 相连的规划，形成了绕世界一周的循环。

其他有关散步道的叙述可以在与折衷式庭园同时期的共济会的庭园中找到。体验这条散步道上的场景就像某种开幕仪式，其庭园环境的感觉采纳了露天歌剧舞台的形式。

离我们现在再近些，1929 年勒·柯布西耶在日内瓦莱蒙湖岸边规划了 "Cité Mondiale"，他打算在中心地带建造一个通天塔形状的世界博物馆，取名 "Mundaneum"，按照时间顺序排列展示。博物馆内部有根据其 "散步建筑" 设计的螺旋式走廊，按照时代延伸。可以说它展现的克洛诺斯版空间有别于 Alphand 的设计。

景观是由各种不同的视角构成的，有鸟瞰的、连续的、场景性的，起初在庭园和公园中发展起来，后来人们自然而然地希望在某个场所中将这些可能性变为现实，如各处人造的制高点（天文台、塔或是摩天轮）、散步道、观景台等，如今它们已大规模地走进了世博园。

折衷式庭园的本质首先具有实验性的特点。充斥其中的现代激情涵盖了收藏、旅游以及早期对科技与艺术联姻的野心。世博会已经将这些激情与野心永远地放大化、社会化了。

可以说通过世博会这一媒介，庭园和城市明显同化了。

当然这在建筑学中的世博会（场馆）领域是很适用的。

巨大的人工场地、施工系统的新方法、

建筑元素的新发展、材料和材质的试验、空间布局的试验、新风格的创意、设计的跨学科发展等等，毫无疑问地对当代建筑学产生了深远影响。

建筑的外观方面也一直在变化和进步。例如从19世纪透明的（钢结构和玻璃），到不透明材质被用于文化运动或部分民族主义中的装饰装修、便于运输的轻金属和薄膜，再到最近的生物材质。

21世纪是生态学的时代。

它要求我们创造出连接自然与人类的最佳桥梁，并应对全球环境问题。

当我们实现了理想而有效的改变自然的尝试和文化的多样性之后，折衷式庭园思想的遗产可能会以另一种形态重生。

***

1. 2005世博会的遗产

（主题：自然的睿智）

一些无论对世博会还是对未来环境的构建都非常宝贵的遗产，直接或间接地在2005年爱知世博会上展现出来。

首先，这些遗产实践了对未来生态社区及其信息公开的基础建设的建议。

新能源的应用和管理、各种节能的创意和发明，一部分面向环境友好型工业技术，其它则面向基因实验，全球环境问题的对策将给我们的生活方式和理念带来切实的改变。

在其他方面，长久手日本馆100%依靠新能源运转（太阳能发电和燃料电池），这是世博史上的首次尝试。

其次，这些遗产证明了不能仅考虑世博会场与展会期间，会场内外、会期前后也尤为重要。只有意识到这些，3R的理念才能贯彻下去。

最后，我们应该意识到，在我们的生态圈中各种多样化才是关键，包括生物多样化、文化多样化和技术多样化，它们在我们的世界里正面临毁灭危机或同质化问题。

除了以上几点，爱知世博会也在复杂的地理条件和通用的设计之间寻求妥协，例如现代化且环境友好型的运输系统、流行的参与模式、名为"eco-money"的地方货币以及在每座场馆内进行的科技演示。

2. 日本的世博会

在近代的明治时代（1868-1913），日本举办过5次名为"国内工业展"的国内展览（东京3次、京都和大阪各1次），大正时代（1913-1926）举办过两次以和平为目的的展览，而后的昭和时代（1926-1989），1940年（日本天皇纪元2600年）东京—横滨地区世博会未能完成，同年日本东京申奥也宣告失败。战后，世博会先后在大阪（1970）和爱知县（2005）举办，

其间日本还举办了 3 次国际展（冲绳、筑波和大阪）。

同时，在日本各县均举办了名为"Japan EXPO"的小型地方性博览会。

1970 年大阪世博会是现代化的代表和象征，激进思想横扫社会的 20 世纪中叶，日本实现了飞速的经济增长及大众文化的普及。正如前面写到的，大部分世博会用地已经变为带有纪念性设施的公园，因此我们可以看到博览会带动的城市化进程、生活方式的变化以及对新工业的需求。

3．媒体与世博会

世博会是一种大范围的、有时间限制的、显而易见的传播媒介。世界大战前的世博会并不像现在这样，当时只拥有非常有限的通讯媒体。如今除了电视和广播，网络媒体也持续地为大众传播世界和新科技方面的广泛知识。

矛盾的是，现时现地的价值观（此时此地意味着无论何地，即乌托邦）在提升，而人们不能获得真正的交流与互动、身临其境的感受以及不在现场就能与时代前沿产生的实际联系。

在这种情况下，尽管环境和自然问题基本上是属于地方和特定地区（但不久后终会成为全球性）的，21 世纪世博会的主题也不能不涉及它们。因为世博会的作用就是讨论和探索这些问题，总之，发挥实际的沟通和思考作用将愈发重要。

我相信，现实与虚拟之间完美的相依与互动会带给我们丰富的世博经验。

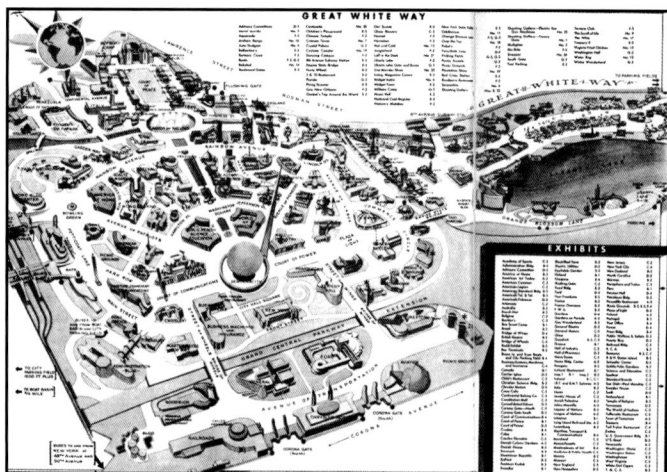

1939 年纽约世博会会场

世博的球体、球体的世博
Obsession about Sphere

球体是这个世界上存在的最完美、最原始的形态。

在建筑史上，这种纯粹的立体也被看作是从旧制度下的传统势力束缚中解放出来的象征。自气球发明之后，特别是 18 世纪，各种理念层面的构想层出不穷。

对球体的创造由于工程学上的问题而历尽艰辛，实际上仅能实现近似于球体的物体。上述构想于 1900 年首度现身世博会。世博会上的球体同时暗喻着地球。此后，在世博会以外的娱乐世界乃至现实的城市当中，球体建筑都展示着各种意义及技术。

1939 年纽约世博会

1964 年纽约世博会

1942 年罗马世博会的工程

1900 年巴黎世博会

1967 年蒙特利尔世博会

球体建筑幻想

Matrix　A.M. Vogt 作

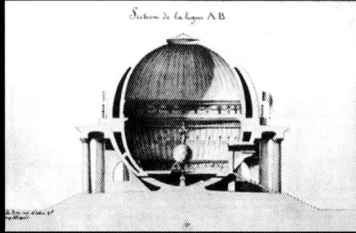

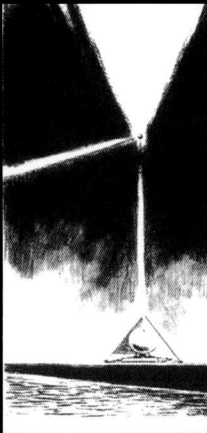

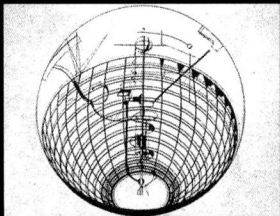

地球之家（长久手日本馆 2005）
Earth Vision (Japan Pavilion Nagakute 2005)

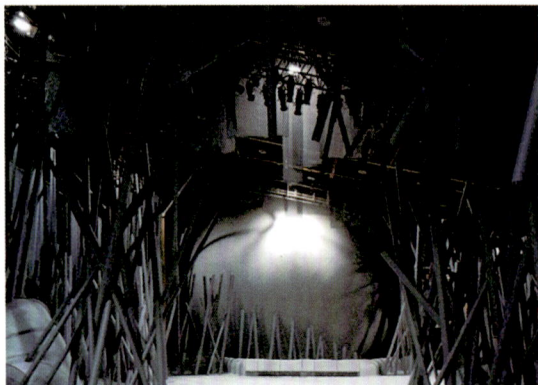

要在 EXPO 2005 长久手日本馆内部制造一个球体。

在巨大的展示空间中，外侧球面是放映环境影像的银幕，而内侧球面则是世界首个 360 度无缝影像剧场的银幕。

内部球面约为 12.8 米，是地球直径的百万分之一。

这里设置了 12 台投影仪和 11.1 声道的立体声，通过拼接融合不连续影像边缘的数码 CG 映像，制造出身临其境般的影像音响空间。（后来该系统及软件在东京上野的国立科学博物馆得到了再利用。）

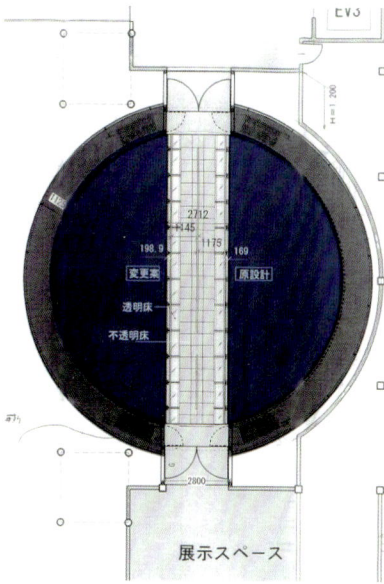

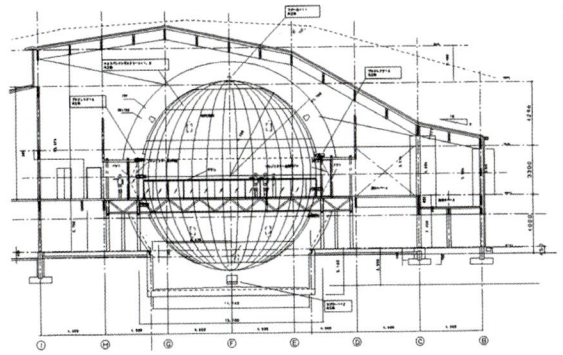

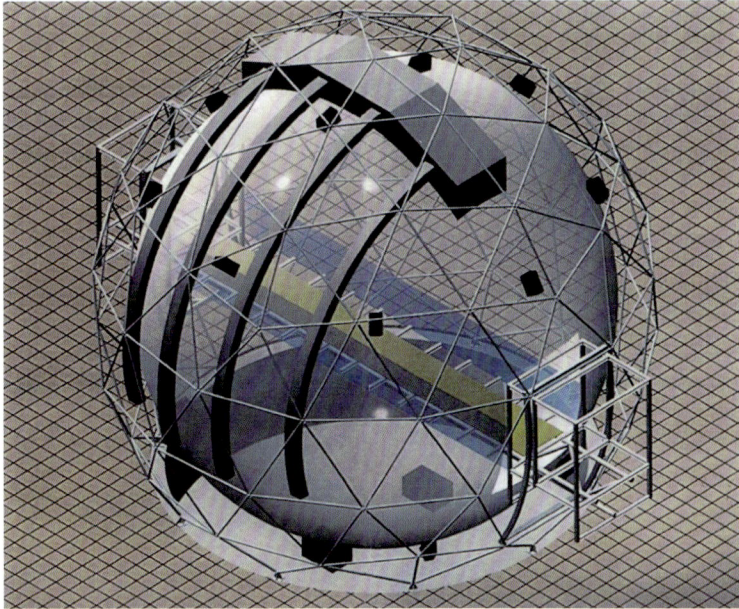

施工中的地球之家

地球之家内部的 360 度影像

对真实的亲临现场感的创造始自文艺复兴时期的透视画法。

起初基本以水平视线为基调，后来通过俯瞰体验，人们开始探求全景视野的扩展，逐渐形成了全景立体图。

随着电影、影像等动态画面技术的发展，创新朝着球幕影像与 3D 等具有更逼真的身临其境效果的方向进化。

360 度球体影像的特点是画面没有边框，其中不存在透视图的画框、电影的银幕以及球幕影像的水平线等。虚拟现实技术之一的 CAVE 尽管也不存在边框，但它以佩戴设备和个人体验为基本，很难实现更接近日常空间的集体体验。在这个意义上，球体影像创造了独一无二的体验。

透视画法造成的视力错觉
（奥林匹克剧院）

CAVE 系统

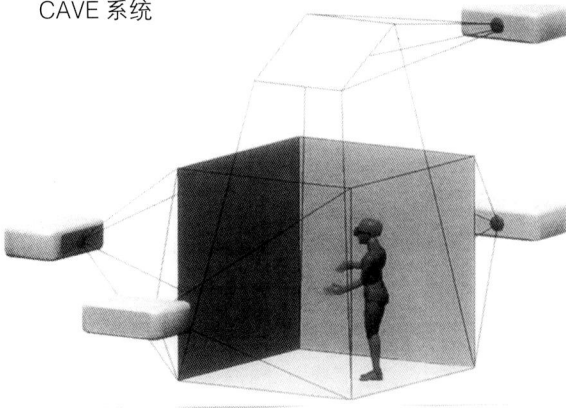

K.F·申克尔的全景立体图

参与本书作品创作、施工等工作的相关人士及单位

题材创作
OBJECT-PERFORMANCE

■由来号
Vehicle Yuné (1988)

设计·制作：彦坂裕　（制作合作：志村雅之）

摄影：浅川敏、彦坂裕

■百头形式
Style Cent Têtes (1979–)

构想·设计：彦坂裕

■横滨码头公园计划
Dock Park Project

设计：彦坂裕、关和明、福田丰

■ Ur-C 运动物体
Mobile Ur-C (1984)

设计·制作：彦坂裕

摄影：大野繁

■曲颈瓶建筑学
Retort Architechnology (1984–)

构想·设计：彦坂裕

制作：志村雅之

摄影：浅川敏、宫本隆司、彦坂裕

建筑
ARCHITECTURE

■茂木本家美术馆
Mogi-honke Museum of Art (2003–2005)(2011–)

设计：彦坂裕 / Space Incubator Inc.

（设计合作：E-NOAH 综合计画事务所）

园林设计：上山良子

施工：竹中工务店（扩建部分：山本建设工业）

摄影：加纳重彦、竹中工务店、彦坂裕

■缟缟公园休闲回廊
Rest Gallery in Shima-shima Park (2003)

设计：彦坂裕 / Space Incubator Inc.

（设计合作:光风舍、上山良子园林设计研究所）

园林设计：上山良子

施工：柏木建设

摄影：藤冢光政

■ XEBEC 疗养营
Xebec Healing Camp (1990)

空间设计：彦坂裕

整体制作：田中宗隆 / SPD、音乐：藤枝守

摄影：SPD

■高木盆栽美术馆东京分馆

Takagi Bonsai Museum of Art, Tokyo Annex (1995)

室内设计：彦坂裕 / Space Incubator Inc.

施工：三井建设、高岛屋工作所

■雷诺克斯带车库别墅

Lenox Garage & House (1996)

设计：彦坂裕 / Space Incubator Inc.

施工：大野工务店

城市构想·城市设计
Urbanism

■幕张副都心改造构想"La Cité Douce"

Converted Vision for Makuhari Subcenter (1994)

构想·规划：彦坂裕

协调：桂木行人

■埼玉新都心中心广场计划

Project for Central Plaza at New Urban Center (1994)

构想·设计：彦坂裕、上山良子

CG：椎野正继

■丰洲地区整体构想

Grand Vision for Toyosu Urban Area

(1998-1999)

构想·规划：彦坂裕、上山良子、横内宪久

■大叻郊外度假城构想

Plan for Resort City in the Suburb of Dalat (2008)

构想·规划：彦坂裕 / Space Incubator Inc.

■二子玉川整体设计 2026

Grand Design 2026 of Futako-tamagawa
(2009-2010)

构想·规划：彦坂裕 / Space Incubator Inc.

■志摩度假村住宅规划

Plan for Shima Resort Residential Zone
(1992-1995)

构想·规划：彦坂裕、上山良子

■街道设计——赤坂、纪尾井町大街，日本桥中央大街

Street Design
Akasaka, Kioicho St. (2002) / Nihonbashi,
Chuo St. (2002-2004)

构想·规划：彦坂裕 / Space Incubator Inc.

CG：椎野正继

■香港海运大厦改建构想

Renewal Vision for Ocean Terminal in Hong

Kong (2000–2001)

构想·设计：彦坂裕 / Space Incubator Inc.

（合作：柴田治 / J-SAM）

CG：J-SAM

激发想象力的交通平台
PLATEAU of FABRIQUES CROSSMA-TING IMAGINATIONS

■民宅建筑

Domestic Architecture

M 邸（小丑屋 Clown Hut）/ 京都、

O 邸 / 札幌、A 邸 / 神户、

F 邸 / 千叶、H 邸（塔罗室 Tarot Room）/ 东京、

T 邸 / 轻井泽、Y 邸 / 轻井泽

■已建与未建的项目

Built / Unbuilt Project

综合艺术中心 / 爱知、科学馆 / 日立、

玉川高岛屋 SC/ 东京、

圣迹出租车集散站 / 东京、

EXPO 1990 大轮会馆 / 大阪、

Villette Fabriques/ 巴黎、

可动地球座 / 东京、EXPO 1985 会场 / 筑波、

橘园站 / 小樽、娱乐中心 / 神户

■装饰物

Decor

玉川高岛屋 SC/ 东京、科学馆 / 日立、

Ring Circus/ 东京、红气球步行街 / 上大冈

世博会 EXPO

■爱知世博会（2005 年）长久手日本馆

EXPO 2005 (Aichi) Japan Pavilion Nagakute (2003–2006)

统筹艺术总监（建筑、展示）：彦坂裕

展示指导合作：江川克之

建设管理：国土交通省中部地方整备局

建筑设计：日本设计（CG：日本设计）

建筑施工：熊谷组

展示设计：ADK

展示制作·施工：丹青社

■爱知世博会（2005 年）濑户日本馆

EXPO 2005 (Aichi) Japan Pavilion Seto (2003–2006)

统筹艺术总监（建筑、展示）：彦坂裕

演出制作人：北村明子

艺术信息统筹：濑岛久美子

建设管理：国土交通省中部地方整备局

建筑设计：山下设计（CG：山下设计）

建筑施工：RINKAI 日产建设

展示设计：ADK

展示制作·施工：乃村工艺社

■上海世博会（2010 年）日本馆

EXPO 2010 (Shanghai) Japan Pavilion (2008-2011)

制作人（建筑）：彦坂裕

整体管理：JETRO（日本贸易振兴机构）

建筑基本设计：日本设计（CG：日本设计）

建筑实施设计：竹中（中国）建设工程、上海现代建筑设计集团

建筑施工：竹中（中国）建设工程

展示设计·制作：电通

摄影：竹中（中国）建设工程、太阳工业、

彦坂裕

■地球之家（EXPO 2005）

Earth Vision (2004-2006)

整体设计·制作统筹：彦坂裕、江川克之、ADK

环境设计：日本设计

影像系统、放映统筹：五藤光学

音响系统：Sound Craft

影像厅、银幕施工：丹青社

上映软件：ADK、E&S、太阳企画

※ 无特殊说明的图片以及论文均由彦坂裕提供

图像出处

"Paris 1937 Cinquantenaire" (Institute Français d' Architecture 1987) ／ "Experiment Bauhaus" (Bauhaus-Archiv 1988) ／ M. Tafuri, "The Sphere and the Labyrinth" (The MIT Press 1987) ／ P. Beaver, "The Crystal Palace" (Huge Evelyn 1970) ／ "2005 年日本国際博覧会政府出展報告" (経済産業省 2006) ／
吉田光邦編, "図説万国博覧会史 1851-1942" (思文閣出版 1985) ／ R. Mariani, "E42" (Edizioni di Comunità 1987) ／ K. Kirsch, "Weissenhofsiedlung" (Rizzoli 1989) ／ Jardin en France 1760-1820 (CMNHS) ／ R. Wurts, "The New York World's Fair" (Dover 1977) ／ V. Tolstoy, I. Bibikova, C. Cooke, "Street Art of The Revolurion" (Thames & Hudson 1990) ／ IAUS 8 "Ivan Leonidov" (Rizzoli) ／ A.M. Vogt, "Boullées Newton Denkmal" (Birkhäuser 1969) ／ J.F. Geist, "Passagen" (Prestel-Verlag 1978) ／ "ICON" Vol. 16, Vol. 21 (スーパーイコン出版) ／ "JA" 379, 389 (The Japan Architect) ／ "GA Japan" 28 (ADA Edita Tokyo) ／ ASIA-PACIFIC Perspective (Jiji Gaho Sha 2005) ／ "幕張アーバニスト" (千葉県企業庁 1994) ／彦坂裕, "空間のグランド·デザイン" (作品社 1992) ／ G.C. Izenour, "Theater Design" (Mccraw-Hill 1977) ／ "World EXPO Symposium Proceedings" (Japan Association for the 2005 World Exposition, BIE 2006)

后 记

本书的制作过程得到了诸多人士的帮助。

项目的合作方及相关人士自不待言，负责出版的编辑、摄影师以及支持我的朋友和熟人更难以计数。

在此特向策划本书出版的北京德稻教育机构的李卓智总裁致以深深的感谢。

此外，也想对负责资料收集、初期版面设计的我的事务所同事平川由美子，为日中联络和翻译而奔走的德稻日本代表田中正则，翻译者宋阳，最终校对者郭连友教授，中文翻译家相沢久美子、田中知惠，以及德稻研发部负责图书出版相关事务的文军、李武平、陈妮表示谢意。

彦坂 裕

2011 年 11 月

图书在版编目（CIP）数据

彦坂裕大师作品集／（日本）彦坂裕著. —北京：中国发展出版社，2012.1
（德稻智库丛书）

ISBN 978-7-80234-730-4

Ⅰ.彦… Ⅱ.彦… Ⅲ.建筑设计－作品集－日本－现代 Ⅳ.TU206

中国版本图书馆CIP数据核字（2011）第212080号

书　　　名：彦坂裕大师作品集
著作责任者：[日本] 彦坂裕
出 版 发 行：中国发展出版社
　　　　　　　（北京市西城区百万庄大街16号8层　100037）
标 准 书 号：ISBN 978-7-80234-730-4
经 销 者：各地新华书店
印 刷 者：北京画中画印刷有限公司
开　　　本：787 × 1092 mm　1/16
印　　　张：11
版　　　次：2012年1月第1版
印　　　次：2012年1月第1次印刷
定　　　价：210.00元
咨 询 电 话：（010）68990535 68990692
购 书 热 线：（010）68990682 68990686
网　　　址：http://www.develpress.com.cn
电 子 邮 件：fazhan05@126.com